JUANYANZHI DE YOUHUA SHEJI JI YINGYONG

卷烟纸的优化设计及应用

主　审　李跃锋

主　编　黄朝章　张国强　张建平

副主编　李华杰　龚安达　陈河祥　刘泽春　黄华发　郑　琳

参　编　谢　卫　许寒春　徐建荣　蓝洪桥　李巧灵　邓其馨　蔡国华　刘秀彩　叶仲力　余玉梅　刘　雯　陈　欣　林　艳

華中科技大學出版社

http://www.hustp.com

中国·武汉

图书在版编目(CIP)数据

卷烟纸的优化设计及应用/黄朝章，张国强，张建平主编. —武汉：华中科技大学出版社，2020.6

ISBN 978-7-5680-6241-1

Ⅰ. ①卷…　Ⅱ. ①黄…　②张…　③张…　Ⅲ. ①卷烟纸-最优设计　Ⅳ. ①TS761.2

中国版本图书馆 CIP 数据核字(2020)第 083248 号

卷烟纸的优化设计及应用　　　　黄朝章　张国强　张建平　主编

Juanyanzhi de Youhua Sheji ji Yingyong

策划编辑：曾　光
责任编辑：赵巧玲
封面设计：孢　子
责任监印：徐　露
出版发行：华中科技大学出版社(中国·武汉)　　电话：(027)81321913
武汉市东湖新技术开发区华工科技园　　邮编：430223
录　　排：华中科技大学惠友文印中心
印　　刷：北京虎彩文化传播有限公司
开　　本：710 mm×1000 mm　1/16
印　　张：12.75
字　　数：256 千字
版　　次：2020 年 6 月第 1 版第 1 次印刷
定　　价：45.00 元

前　言

卷烟纸作为卷烟生产的基本辅材，所占比例虽小但作用很大。卷烟纸的基本功能是包裹烟丝，其配方组成会影响烟支的白度和挺度；由于参与烟支的燃烧，因此卷烟纸会影响卷烟的燃烧温度和状态，进而影响主流烟气相关成分的释放量和抽吸品质；此外，卷烟纸的燃烧速率及其灰分会影响燃烧锥落头倾向和卷烟包灰性能。为了使烟草行业、卷烟纸制造企业和有烟草专业的高等院校等的相关人员能够更加系统地了解卷烟纸的设计参数变化对卷烟质量的影响，福建中烟工业有限责任公司组织有关人员编写了本书，供大家学习参考。

本书共分 6 章。第 1 章“卷烟纸生产及产品特征”简要介绍了卷烟纸的生产工艺流程、主要原料特性和产品的常见功能。第 2 章“卷烟纸主要设计参数的分析”详细阐述了卷烟纸中的化学指标（阳离子、阴离子和纸木浆裂解产物）和物理外观指标（扩散率、罗纹和纤维）的测试方法。第 3 章“卷烟质量指标及分析方法”详述了卷烟烟气 7 项成分、pH 值、燃烧温度、包灰性能和感官质量的实验方法和操作流程。第 4 章“卷烟纸热裂解产物差异”分析了采用不同浆料、含麻量、罗纹方式等的卷烟纸在 3 个温度下热裂解产物的差异。第 5 章“卷烟纸参数设计对卷烟质量的影响”系统阐述了含麻量、碳酸钙、罗纹、瓜尔胶、工艺参数变化等不同卷烟纸参数设计对卷烟烟气 7 项成分、感官质量、烟气 pH 值和燃烧温度等的影响。第 6 章“卷烟纸优化技术在卷烟降焦减害中的应用”列举了卷烟纸在卷烟香味保障、质量稳定、包灰性能改善和减害等方面的应用实例。本书内容丰富，技术应用实例详尽，具有较强的科学性、知识性和实用性，有助于读者快速掌握卷烟纸参数设计对卷烟质量的影响规律。

本书在编写过程中查阅参考了大量的国内外相关领域的论文、论著和研究成果，在此谨表谢意。本书还得到了中国烟草总公司郑州烟草研究院、杭州华丰纸业有限公司和民丰特种纸股份有限公司的大力支持和帮助，在此表示衷心的感谢！

由于时间仓促及编者水平的限制，本书中难免有不当之处，恳请读者给予批评与指正。

编　者

2019 年 8 月

目　录

第1章　卷烟纸生产及产品特征

卷烟纸指的是一种专供包卷烟草制作香烟的薄页型纸，国际全球排名第一的卷烟纸生产商是法国的施伟策·摩迪国际集团，排名第二的是奥地利特伦伯集团。施伟策-摩迪国际集团卷烟纸年产量7万多吨，占全球份额的23%；奥地利特伦伯集团卷烟纸年产量约5万吨，占全球份额的16%。全球其他卷烟纸生产企业的生产能力和规模相对较小，如美国的意古斯塔、德国的舒乐-赫斯和格拉兹、英国的罗伯特，还有意大利、西班牙、印尼等国的企业，总产量维持在8万～10万吨的水平。

在20世纪90年代，我国定点生产卷烟纸的厂家有27家，生产的卷烟纸有十几万吨之多，远远超过卷烟行业的总需求量，供求矛盾非常突出。从1992年到2012年，我国共改造、引进了10条卷烟纸生产线，其装备水平、自动控制能力、生产规模、产品质量都全面达到当今全球最高水平，全国高档卷烟纸的生产能力已达到年产量8.9万吨。如今国内市场竞争越来越激烈，市场优胜劣汰，几个主要卷烟纸生产商——牡丹江恒丰纸业股份有限公司、浙江嘉兴民丰特种纸股份有限公司、浙江华丰纸业集团有限公司、安徽景丰纸业有限公司以及广东的中烟摩迪(江门)纸业有限公司。

1.1　卷烟纸生产

卷烟纸生产主要分为三个工序，即打浆工序、抄纸工序和完成工序(见图1-1)，各工序生产工艺情况说明如下。

1.1.1　打浆工序

打浆工序(见图1-2)是生产卷烟纸的首道工序，主要是对各种植物纤维原料进行打浆磨制、切断、分丝和帚化纤维，让处理后的浆料适应纸机抄造并得到预定的成品质量。打浆后的成浆主要控制指标有叩解度、湿重、帚化率、匀整度等。打浆

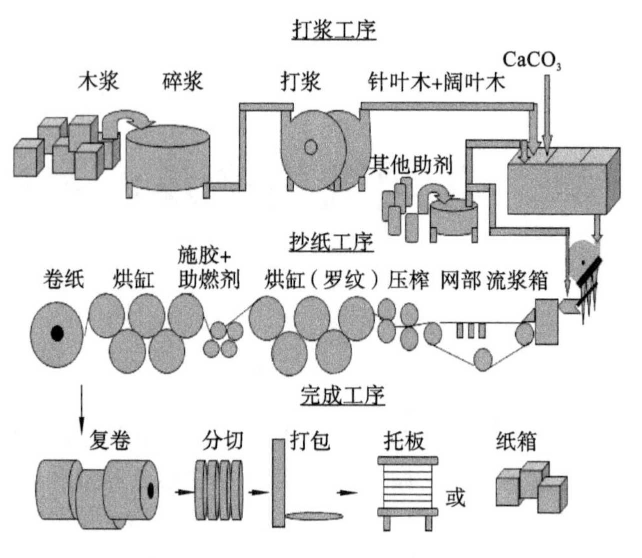

图 1-1 卷烟纸生产工序

工序主要过程控制参数有打浆浓度、打浆功率、通过量、打浆时间等。该道工序通过采用集散控制系统(distributed control system,DCS,对生产线的工艺参数监测、控制,保证工艺参数处于最佳值,工艺设备处于最佳运行状态)控制打浆质量,保证了各种物料、生产状态和各部参数的稳定可控及浆料处理质量。

图 1-2 卷烟纸打浆工序

处理好的浆料经过配浆，加填碳酸钙、助剂，冲浆稀释，除渣，净化，筛选等步骤，经网前箱上网并进入抄纸工序。浆料流送的每一步骤均采用 DCS 控制，过程质量控制精确，而且碳酸钙加入量还可通过质量控制系统（quality control system，QCS，在线监控纸张主要质量指标，确保产品横向质量始终保持在标准要求的偏差之内）在线监测灰分值、自动控制和调节，保证了灰分等指标的稳定性。

1.1.2　抄纸工序

抄纸工序（见图 1-3）是卷烟纸产品质量形成的关键工序，主要过程控制参数有浆料上网浓度、纸机各部水分、干燥温度曲线、助剂加入量等。抄纸工序主要的工艺技术特点有以下几点。

（1）纸机采用 DCS 进行控制，对浆料/助剂流量和液位、雕印压纹压力、干燥气压、各部速度等关键指标的控制精确，保证了各种物料、生产状态和各部参数稳定可控。

（2）施胶机采用计量棒计量薄膜涂布技术，助燃剂含量控制稳定、精确。

（3）纸张透气度可在线监测、在线调整；定量、水分、灰分采用 QCS 质量控制系统在线监测并可通过信号反馈、在线自动控制调整。

（4）纸病检测系统在线检测纸张纸病。操作人员据此采取措施消除纸病，检验人员据此剔出纸病，确保产品外观质量。

图 1-3　卷烟纸抄纸工序

1.1.3　完成工序

完成工序（见图 1-4）主要包括复卷、分切和包装入库，主要过程控制指标有盘纸宽度、长度、直径、圆度，端面平整、洁净情况等。在完成工序的复卷之前对卷烟纸的物理指标和外观指标等进行全面检验，不合格产品予以报废，在分切后对纸病进行有效剔除。

图 1-4 卷烟纸完成工序

1.2 卷烟纸主要原料

卷烟纸主要由浆原料、填料碳酸钙和化学助剂组成，定量为 25～35 g/m²，纸质洁白（白度为 82％～87％）、紧密、柔软细腻，具有较高的纵向抗张强度、一定的透气性和适合的燃烧速度。纸面上有罗纹印记（由机上水印辊或机外干压辊压成），以增加透气度和改善外观。

1.2.1 浆原料

卷烟纸浆原料一般采用木浆和麻浆，现有在用的卷烟纸浆原料都采用进口原料，其产地主要是加拿大、墨西哥等地，进口原料在质量稳定性上保障较好。浆原料一般分为针叶木浆、阔叶木浆和亚麻浆（见图 1-5）。卷烟纸中浆原料的配比范围一般为：针叶木浆 10％～50％，阔叶木浆 60％～90％，麻浆 10％～50％。卷烟纸对浆原料的要求为白度高、杂质少、质量稳定、经无氯漂白浆，无影响抽吸质量的异味。

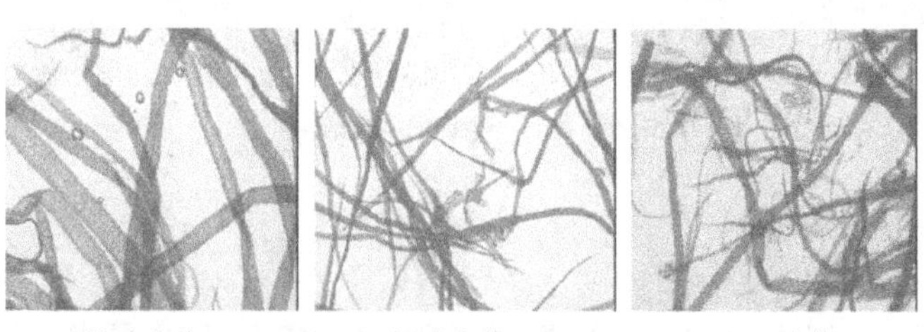

针叶木浆　　阔叶木浆　　亚麻浆

图 1-5 浆原料扫描电镜图

1.2.2　填料碳酸钙

碳酸钙是一种重要的、用途广泛的无机盐。根据生产方法的不同，可将碳酸钙粉体分为轻质碳酸钙和重质碳酸钙。轻质碳酸钙又称沉淀碳酸钙，是用化学加工方法制得的，是将二氧化碳通入石灰水，或通过碳酸钠溶液与石灰水作用产生沉淀制得的。重质碳酸钙又称研磨碳酸钙，是用机械方法直接粉碎天然的方解石、石灰石、白垩、贝壳等而制得的。

卷烟纸碳酸钙的主要功能是：填充纸页中的空隙，提高纸页的匀度；改善纸页正面平滑度；增加纸页不透明度和白度；改善纸页适印和吸收性能；提高纸页的透气性能和燃烧性能；保证纸页尺寸稳定；降低生产成本等。不同晶型的碳酸钙（见图1-6）对卷烟纸性能有不同的影响，目前常用为卷烟纸填料的碳酸钙的晶型是纺锤形。卷烟纸碳酸钙的粒径需符合正态分布，为0.1～10 μm（见图1-7）。

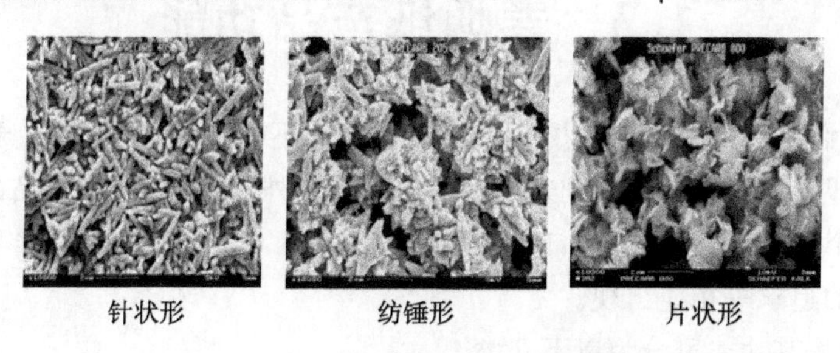

图1-6　不同晶型的碳酸钙扫描电镜图

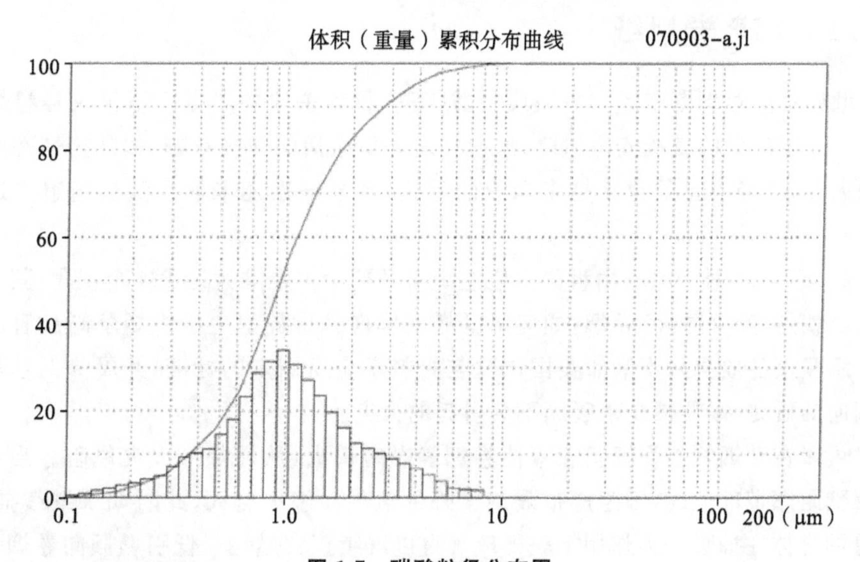

图1-7　碳酸粒径分布图

1.2.3 化学助剂

在卷烟纸生产的过程中，常用到一些化学助剂，以提高卷烟纸的性能。卷烟纸常用助剂按功能划分可分为以下四种。

（1）助燃剂：燃烧调节剂，影响盘纸的燃烧特性及灰分外部特征，常用种类包括碱金属柠檬酸盐、碱金属苹果酸盐以及碱金属乙酸盐。

（2）增强剂：主要采用瓜尔胶，提高卷烟纸的强度，改善卷烟纸上机的适用性，减少断头，改善纸页匀度。

（3）助留剂：提高填料和细小纤维在纸中的留着率。

（4）杀菌剂：改善纸机的运行性能，减少纸面的孔洞和浆块。

1.3 卷烟纸产品功能

随着人们生活水平的不断提高和卷烟行业的不断发展，消费者对卷烟的要求越来越高，即卷烟纸被赋予了越来越多的新功能和外观特点，卷烟产品的外观也日趋多样化、个性化，如改善包灰，改善吸味，降焦降 CO 等，尤其是对卷烟产品差异化、个性化的追求等相应出现。

卷烟纸按其功能可分为以下几类。

1.3.1 LIP 卷烟纸

世界各国对烟草产品的关注度日益提高，目前关注的热点已不仅仅是卷烟产品对人体所产生的直接安全风险，还包括对人类生活的间接影响，如乱扔烟蒂所引发的火灾，已经引起了越来越多国家的重视，部分国家还采取立法措施解决这个问题。

2008 年 11 月 20 日，由世界卫生组织召开的会议上共讨论了 4 个议题，其中一个议题就是"安全防火"卷烟：如何降低燃烧倾向。世界卫生组织烟草制品管制研究小组建议各成员采用诸如美国试验与材料学会所制定的标准，开展降低卷烟燃烧倾向的研究，以便减少由吸烟不慎引起的火灾。

可以在卷烟纸上设置阻燃带使卷烟静燃时熄火，从而降低火灾风险。当卷烟静燃到阻燃带部位时，因阻燃带隔绝了外部氧气而熄火自灭，此时如果继续抽吸，燃着的锥体在抽吸外力作用下获得氧气得以继续正常燃烧。低引燃倾向卷烟示意图如图 1-8 所示。

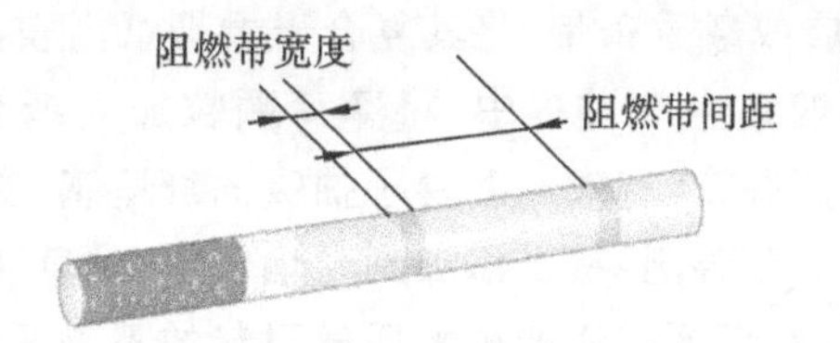

图 1-8　低引燃倾向卷烟示意图

1.3.2　低焦低害卷烟纸

降焦减害是烟草行业的研究重点，卷烟纸参数合理设计有利于卷烟降焦减害。卷烟纸的降焦降害途径根据原理可分为以下几类：

(1) 快燃——减少抽吸口数，主要是提高助燃剂的含量；

(2) 减量——减少生成量，主要是适当降低定量；

(3) 稀释——减少传递量，主要是包括适当提高透气度；

(4) 扩散——减少传递量，主要是包括提高透气度和增加纸张微孔；

(5) 催化——减少传递量，主要是包括应用各种催化剂；

(6) 吸附——减少传递量，主要是包括应用各种吸附剂。

卷烟纸参数与烟气焦油的关系如图 1-9 所示。

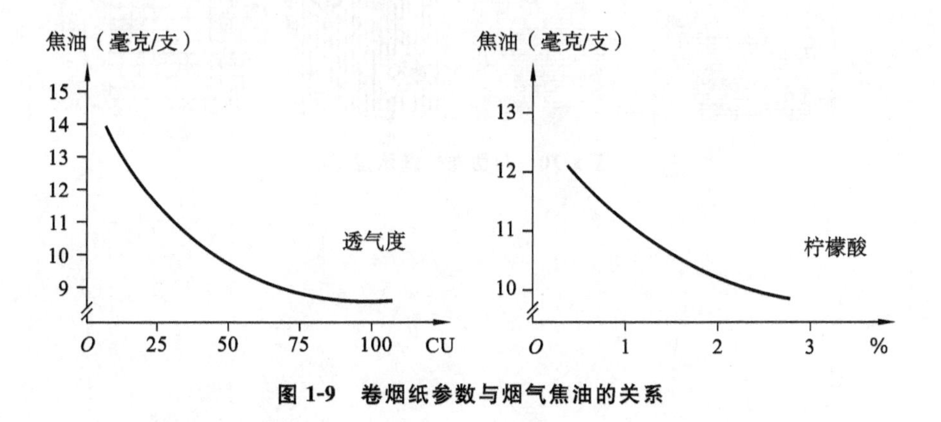

图 1-9　卷烟纸参数与烟气焦油的关系

1.3.3　增香卷烟纸

增香保润是烟草行业的研究热点之一，卷烟纸增香的常规途径有以下两种。

(1) 按照常规卷烟纸抄造流程，在表面施胶处将一定量的保润材料与助燃剂一起混合调制，采取计量喷涂工艺施加于卷烟纸内表面，施加量一般占成纸质量6‰左右。

（2）制备载香涂层或载香条带，将其复合于卷烟纸内表面。

张优茂等人在卷烟纸生产过程中，将薄荷颗粒加入纸浆中制成薄荷卷烟纸。抽吸时具有天然的薄荷香味，有效地改善了抽吸的舒适感，提升了抽吸品质。向能军等人以甘草酸钾作为改善剂，将其添加到卷烟纸上，甘草酸钾不仅对卷烟纸具有助燃功效，还能够减少卷烟纸燃烧产生木质气引起的不舒适性，提高了烟气的香气质，增加了烟气的圆润性，改善了气味。黄富等人将分子囊化薄荷脑涂布于卷烟原纸上，制成特色薄荷型卷烟纸并卷制成烟支。与传统薄荷型卷烟的生产相比，采用特色薄荷型卷烟纸生产卷烟，减少了薄荷脑在储存期间的挥发转移，且薄荷清凉感不随抽吸口数的增加而降低，确保了抽吸时口味始终如一，改善了薄荷型卷烟的品质，并解决了薄荷型卷烟在生产中串味的问题。

1.3.4 防伪卷烟纸

目前，市场上的假烟屡禁不止，烟草工业企业开始采用相关防伪技术，以保护自己的新产品不易被仿制，采用防伪卷烟纸是一种成本较低的途径。通过采用机内湿压带防伪图案罗纹，压纹清晰、均匀，卷制烟支外观漂亮，不易被仿制。

防伪卷烟纸示意图如图 1-10 所示。

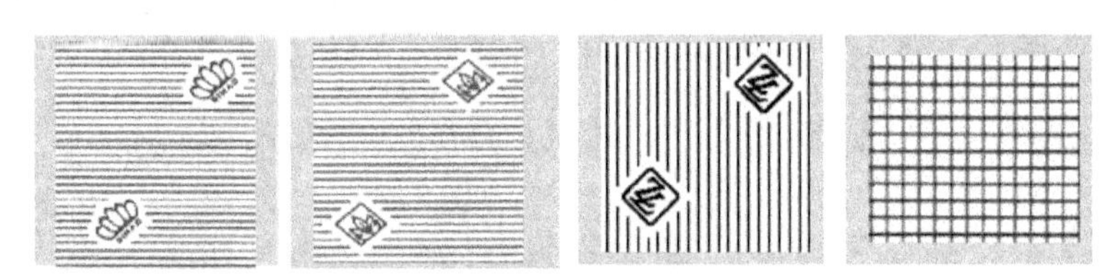

图 1-10 防伪卷烟纸示意图

第2章　卷烟纸主要设计参数的分析

卷烟纸主要由植物纤维、碳酸钙和微量助剂组成，是卷烟重要的辅助材料，约占单支卷烟质量的5%左右。在卷烟燃烧过程中，卷烟纸不仅是燃烧物之一，而且其页面结构空隙变化会影响空气进入燃烧锥的速度及总量。因此，卷烟纸理化参数变化会影响烟支燃烧温度，从而影响卷烟烟气成分释放量。

2.1　卷烟纸化学指标分析方法

卷烟纸主要的化学参数有碳酸钙含量、助燃剂含量、钾钠比和酸根含量。相关文献表明，上述4种参数的变化会对烟气成分释放量产生影响。目前造纸行业逐步开展相关的测试方法研究，进而将其作为卷烟纸的质量控制指标。本章将对电感耦合等离子体质谱(ICP-MS)测定卷烟纸中填料碳酸钙和助燃剂钾钠离子、离子色谱测定阴离子和热裂解-气质法分析浆原料裂解产物等方法进行系统介绍。

2.1.1　卷烟纸阳离子分析测定方法

卷烟纸样品硝酸超声浸取后，采用电感耦合等离子体质谱仪(ICP-MS)测定阳离子。

2.1.1.1　试验

1. 试验仪器和材料

NexION TM 300X型电感耦合等离子体质谱仪(ICP-MS)(美国PE公司)、950HTAE型超声波清洗器(Crest 超声波公司)、AG104 电子天平(感量0.000 1 g，Mettler2 Toledo)、Mars型微波消解仪(美国CEM公司)。

钾、钠、钙、镁、钪的标准溶液(纯度>99%，西格玛奥德里奇公司)，高纯硝酸(Acros公司)，Human型超纯水系统(Pgeneral公司)。

实验所用器皿，在使用前需用20%硝酸浸泡至少12 h，并在使用前用超纯水冲洗干净，避尘晾干备用。

2. 标准溶液配制和标准工作曲线测定

准确移取不同体积的钾、钠、钙、镁标准储备液至100 mL塑料容量瓶中，用2%的硝酸稀释定容，得到不同浓度的钾、钠、钙、镁混合标准工作储备溶液，然后用超纯水依次稀释成如表2-1所示的系列标准溶液。

表2-1 钾、钠、钙、镁的标准溶液(单位:ng/mL)

种类 元素	S1	S2	S3	S4	S5	S6
K	50	100	250	500	1000	2000
Na	10	20	50	100	200	400
Ca	500	1000	2500	5000	10 000	20 000
Mg	5	10	25	50	100	200

分别吸取适量标准空白溶液，不同浓度的钾、钠、钙、镁混合标准工作溶液，以及内标(钪)溶液分别注入电感耦合等离子体质谱中，在选定的仪器参数下，以待测元素钾、钠、钙、镁含量与对应内标元素含量的比值为横坐标，以待测元素钾、钠、钙、镁质荷比强度与对应内标元素质荷比强度的比值为纵坐标，建立钾、钠、钙、镁的工作曲线。对校正数据进行线性回归，求得钾、钠、钙、镁浓度关系的回归方程，R^2 不应小于0.999。

3. 样品前处理

称取0.1 g样品，将其置于100 mL塑料容量瓶中，准确加入100 mL 10%的硝酸，超声30 min，取5 mL萃取液置于100 mL塑料容量瓶中，用超纯水定容至刻度，摇荡塑料容量瓶5 min，使其混合均匀后直接进样。

4. 电感耦合等离子体质谱仪(ICP-MS)操作参数条件

采用调谐液，调谐电感耦合等离子体质谱仪至最佳工作环境。仪器参数参照表2-2，采用其他条件应验证其适用性。

表2-2 电感耦合等离子体质谱仪测定条件

仪器参数	设定值
射频功率	1 100 W
载气流速	1.20 L/min
进样速率	0.1 mL/min
获取模式	全定量分析
重复次数	3

2.1.1.2　结果与讨论

1. 样品前处理方法的优化

1）样品提取方式的选择

测定卷烟纸中元素的样品前处理方法主要有干法和湿法两种，干法就是将样品先灰化后酸解灰分，而湿法包括湿法消解和浸取法两种，浸取法简单、快捷。由于卷烟纸中 K、Na、Ca（以 $CaCO_3$ 形式存在）和 Mg 是可酸解的，因此，可选择浸取法处理样品。分别选择振荡提取 60 min、超声提取 60 min 和微波消解法（YC/T 274—2008）处理卷烟纸样品，然后测定 K、Na、Ca 和 Mg 的含量。以微波消解的测定结果为 1 进行归一化处理，结果（见图 2-1）表明：超声提取和微波消解都可以用于提取卷烟纸中 K、Na、Ca 和 Mg，但超声浸取法简单、快速，因此实验选择超声浸取法处理样品。

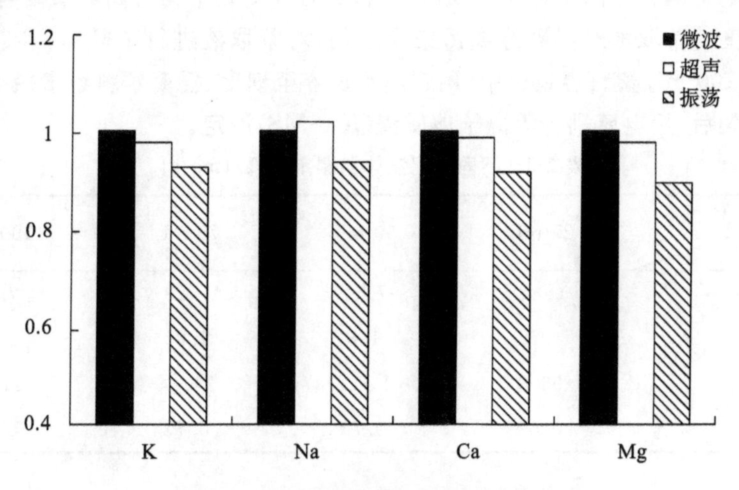

图 2-1　卷烟纸提取方式的比对结果

2）硝酸提取液浓度的选择

提取液浓度影响电感耦合等离子体质谱仪（ICP-MS）测定 K、Na、Ca 和 Mg 的灵敏度。实验比较了不同浓度硝酸溶液的超声提取效果，结果（见图 2-2）表明：硝酸液浓度达 10％后，再增加提取溶液浓度，卷烟纸中的 K、Na、Ca 和 Mg 测定结果没有明显变化。因此，选择 10％硝酸液作为超声提取液。

3）萃取液体积的选择

称取等量的卷烟纸样品，分别加 10％硝酸溶液 25 mL、50 mL、75 mL、100 mL，超声 60 min 后进行检测，结果参见表 2-3。萃取体积＞50 mL 后，卷烟纸中的 K、Na、Ca 和 Mg 测定结果没有明显变化，为了兼顾样品萃取的完全性和后续 Ca 离子检测的准确性，实验选择萃取液体积为 100 mL。

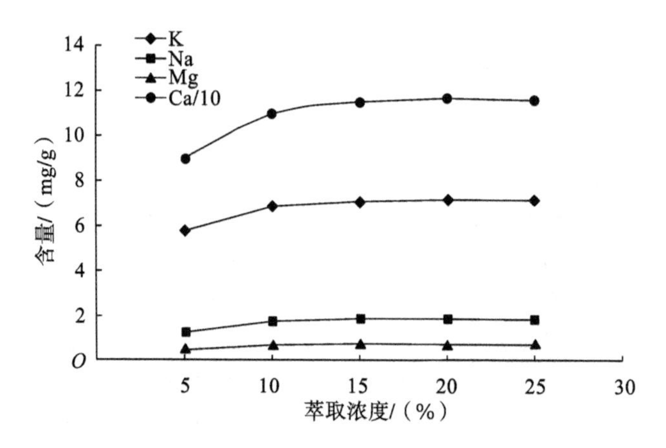

图 2-2 萃取液浓度的比对结果

鉴于电感耦合等离子体质谱仪（ICP-MS）对待测元素具有高灵敏度，同时为了避免高浓度的萃取液对仪器造成污染及损伤，对萃取液进行了稀释。取 5 mL 萃取液置于 100 mL 塑料容量瓶中，用超纯水定容至刻度，摇荡塑料容量瓶 5 min，使其混合均匀后，用电感耦合等离子体质谱（ICP-MS）测定。

表 2-3 不同萃取液体积测定结果/（mg/g）

元素＼体积	25 mL	50 mL	75 mL	100 mL
K	6.82	7.11	7.23	7.28
Na	1.72	1.8	1.83	1.85
Ca	96.8	115.2	117.4	116.8
Mg	0.68	0.73	0.72	0.75

4）超声萃取时间的选择

对同一样品分别超声萃取 10 min、20 min、30 min、40 min 和 60 min 进行比较，结果如图 2-3 所示。结果表明，超声萃取 30 min 后，所有元素的萃取效率均达到一个稳定值。为节约时间，选择 30 min 为最终萃取时间。

2. 电感耦合等离子体质谱仪（ICP-MS）参数设置

用电感耦合等离子体质谱仪（ICP-MS）测定元素时，必须考虑同量异位素重叠，多原子或加合物离子、难溶氧化物离子、双电荷离子等对被测元素的干扰。同时，对被测元素，在测定时应根据其电离效率的不同设定不同的积分时间。

1）元素同位素的选择

元素周期表中 $m/z<36$ 的元素不存在同量异位素干扰，而本书中所测定的 Na、Mg 和 Ca 的 m/z 都小于 36，因此不存在同量异位素干扰；而 K 的 m/z 为 39

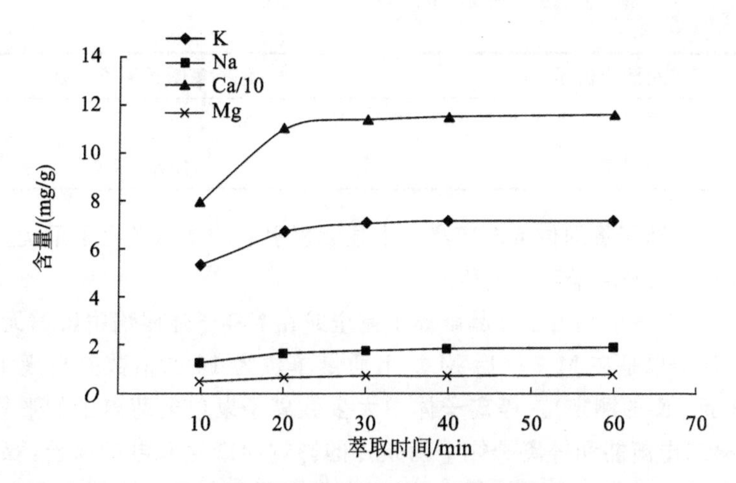

图 2-3　不同超声萃取时间的萃取效率

(大于 36),因此可能存在同量异位素干扰(见表 2-4)。从调研的情况来看,本实验目标元素的测量均不受同量异位素的干扰。

表 2-4　K 同位素相对丰度/(%)

元素符号	原子量				
	37	38	39	40	41
K			0.933		0.067
Cl	0.25				

注:一般而论,具有奇数质量的同位素不易受同量异位素的重叠干扰。

2) 多原子离子干扰

多原子离子干扰主要是由两个或多个原子结合而成的短寿命的复合离子进入质量过滤器和检测器而引起的。多原子离子主要来源于大气、水和等离子气,其他的由样品的基体引入。大气、水、消解体系和等离子气引入的元素主要有 N、H、O、Ar。结合本实验所用试剂和样品分析被测元素,可能被引入的多原子离子干扰如表 2-5 所示。

表 2-5　被测元素可能被引入的多原子离子干扰

元素同位素	多原子离子干扰
^{23}Na	—
^{24}Mg	C_2^+
^{39}K	$^{38}ArH_+$
^{40}Ca	^{40}Ar
^{42}Ca	—

续表

元素同位素	多原子离子干扰
^{43}Ca	—
^{44}Ca	CO_2^+,N_2O^+

因此,在选择测量同位素时应考虑上述元素引起的多原子离子干扰。

3）难溶氧化物离子和双电荷离子

难溶氧化物离子是由于样品解离不完全或在等离子体尾焰中解离元素再结合而产生的,其结果是在M+峰后M加上质量单位为16的倍数处出现干扰峰(如NaO^+会干扰^{39}K的测定)。等离子体中大多数离子以单电荷离子的形式存在,少数由于受第二电离能和等离子体平衡条件的影响而产生双电荷离子,双电荷离子会导致单电荷离子信号灵敏度损失,同时在母体同位素的1/2处出现干扰。在电感耦合等离子体质谱仪(ICP-MS)调谐时,通过氧化物离子调谐和双电荷离子调谐,控制等离子体中的氧化物离子比例在2.5%以下、双电荷离子比例在3%以下。

4）电离效率

电感耦合等离子体是大气压下气体的一种无极放电现象,等离子体的电离电势取决于载气的电离能。Ar的第一电离能为15.75 eV,代表了氩等离子体的电离电势。元素的第一电离能低于10 eV,则容易电离;元素的第一电离能高于10 eV,则难电离。测定元素K、Na、Ca和Mg的第一电离能如表2-6所示。

表2-6 K、Na、Ca和Mg的第一电离能

元　素	K	Na	Ca	Mg
第一电离能/eV	4.34	5.14	6.13	7.64

由元素的第一电离能可以看出,K、Na、Ca和Mg容易电离,为减少其二次电离,应设定较短的积分时间。

5）内标元素的选择

在分析过程中分析信号的灵敏度可能会发生漂移,选择合适的内标,用内标校正法校正信号的漂移,可以有效提高测定结果的准确性。但是,由于样品中天然存在某些元素,内标的选择受到限制。所选内标元素应不受同量异位素或多元子离子的干扰,且内标元素和被测元素的质量和电离能应比较接近。综上所述,本实验采用^{45}Sc作为内标元素。

6）电感耦合等离子体质谱仪(ICP-MS)操作参数

综合考虑上述各因素,选择电感耦合等离子体质谱仪(ICP-MS)的工作参数如表2-7所示,被测元素的测定参数如表2-8所示。

表 2-7　电感耦合等离子体质谱仪(ICP-MS)的工作参数

项　目	工作参数	项　目	工作参数
射频功率/W	1100	雾化室温度/℃	2
载气流速/(L/min)	1.21	蠕动泵采集转速/rps	0.1
冷却气流速/(L/min)	14.9	蠕动泵快速提升转速/rps	0.3
辅助气流速/(L/min)	0.90	蠕动泵快速提升时间/s	40
采样深度/mm	7.3	蠕动泵稳定时间/s	45
雾化器	Babington	干扰消除技术	KED

注:rps—蠕动泵每秒钟的转数。

表 2-8　测量同位素、内标元素、积分时间和重复次数

元　素	测量同位素	内标元素	积分时间	重复次数
K	^{39}K	^{45}Sc	0.3	3
Na	^{23}Na	^{45}Sc	0.3	3
Ca	^{42}Ca	^{45}Sc	0.3	3
Mg	^{24}Mg	^{45}Sc	0.3	3

3. 前处理后样品稳定性

萃取测试后的样品，置冰箱 0～5 ℃保存，分别在 1 d、2 d、3 d 后进行测试，考察样品溶液的稳定性，结果见表 2-9。

表 2-9　样品稳定性试验结果

测定时间＼元素	K	Na	Ca	Mg
0 h/(mg/g)	7.23	1.83	117.4	0.72
24 h/(mg/g)	7.02	1.73	112.2	0.69
24 h 测定结果相对变化/(%)	2.08	3.97	3.20	3.01
48 h/(mg/g)	7.12	1.77	110.3	0.67
48 h 测定结果相对变化/(%)	1.08	2.36	4.41	5.09

从表 2-9 中可以看出：萃取处理完后，在 48 h 内进行上机测定，测试结果无显著变化。

4. 方法检出限和定量限

根据测定检出限的方法，取 10 次平行测定试剂空白溶液的结果及 3 次平行测定一定浓度各元素溶液的结果，根据样品量按下式计算每克样品的检出限，结果如

表 2-10 所示。

$$检出限(\mu g/L)=[3\sigma\div(S-B)]\times C$$

式中：

σ——试剂空白溶液的标准差；

S——一定标准溶液各元素标准溶液的 CPS(信号强度)；

B——试剂空白溶液的 CPS；

C——各元素标准溶液的浓度。

表 2-10 方法的检出限

元　素	检出限/(μg/L)	定量限/(μg/L)
K	2.46	8.2
Na	0.44	1.46
Ca	8.84	29.47
Mg	0.28	0.93

5. 精密度和回收率

对同一样品进行 5 次日内和日间平行性测定，结果分别如表 2-11 和表 2 12 所示。结果表明，4 种元素日内、日间测定结果的相对标准偏差分别为 2.10%～4.49%和2.59%～4.66%，说明该方法的重复性较好。

表 2-11 方法的日内重复性结果

元素＼次数	第一次/(mg/g)	第二次/(mg/g)	第三次/(mg/g)	第四次/(mg/g)	第五次/(mg/g)	RSD
K	7.43	7.23	7.49	6.99	7.11	2.91%
Na	1.69	1.85	1.72	1.81	1.75	3.71%
Ca	117.4	115.6	113.2	114.5	119.4	2.10%
Mg	0.74	0.71	0.67	0.75	0.7	4.49%

表 2-12 方法的日间重复性结果

元素＼次数	第一次/(mg/g)	第二次/(mg/g)	第三次/(mg/g)	第四次/(mg/g)	第五次/(mg/g)	RSD
K	7.43	7.03	7.59	6.89	7.12	4.02%
Na	1.69	1.87	1.71	1.77	1.7	4.29%
Ca	117.4	116.6	111.2	113.5	118.4	2.59%
Mg	0.74	0.72	0.68	0.69	0.76	4.66%

对同一个卷烟纸样品进行加标测定，并计算回收率，结果如表 2-13 所示。

表 2-13　方法回收率

元素＼浓度	实际浓度/(mg/g)	加标浓度/(mg/g)	测试浓度/(mg/g)	回收率/(%)
K	7.23	3.12	10.12	96.8
	7.23	7.03	14.05	97.1
	7.23	15.12	21.72	91.3
Na	1.71	1.05	2.81	102.9
	1.71	2.04	3.69	96.5
	1.71	4.02	5.71	98.8
Ca	117.4	50.1	165.3	98.1
	117.4	101.4	211.7	94.0
	117.4	202.4	330.4	109.0
Mg	0.72	0.51	1.20	95.8
	0.72	1.04	1.73	95.8
	0.72	2.04	2.94	90.3

6. 与标准方法(YC/T 274—2008)的比较结果

采用建立的超声萃取-电感耦合等离子体质谱仪法与标准方法(YC/T 274—2008)测定了同一种卷烟纸中 K、Na、Ca 和 Mg 的含量，结果如表 2-14 所示。经过配对 t 检验，K、Na 和 Ca $|t|<3.182$(查表 $t_{0.05(3)}$ 值)，$P>0.05$。结果显示：两种方法对同一种卷烟纸的检测结果无明显差异。

表 2-14　超声萃取-电感耦合等离子体质谱仪法与标准方法(YC/T 274—2008)的比对结果

元　素	ICP-MS/(mg/g)	YC/T 274—2008/(mg/g)	t 检验
K	7.43	7.55	$t=-1.04$，$P>0.05$
Na	1.69	1.72	
Ca	117.3	122.5	
Mg	0.72	—	

7. 样品检测实验

采用建立的超声萃取-电感耦合等离子体质谱仪法测定了 12 种卷烟纸中 K、

Na、Ca 和 Mg 的含量,结果见表 2-15。

表 2-15 不同类型卷烟纸中 K,Na、Ca 和 Mg 的含量(mg/g)

元素＼卷烟纸	1	2	3	4	5	6	7	8	9	10	11	12
K	2.65	2.27	10.3	7.43	7.9	3.69	7.35	8.75	12.65	12.6	11.9	8.55
Na	1.75	1.32	1.32	1.69	2.77	1.77	3.38	4.95	1.97	3.51	3.22	2.61
Ca	144.1	121.5	122.5	117.4	117.3	132.4	126.5	280.5	244.6	180.4	246.4	149.2
Mg	0.67	0.34	0.15	0.72	0.47	1.81	2.5	0.61	0.12	0.14	0.41	0.49

2.1.2 卷烟纸阴离子分析方法

卷烟纸样品经超纯水超声浸取后,采用离子色谱阴离子色谱柱分离,用电导检测器测定其阴离子。

2.1.2.1 实验

1. 仪器与试剂

DX2600 型离子色谱仪(美国戴安公司),配有 AS40 自动进样器,ED50 电导检测器,IonPac AG112HC 型阴离子保护柱(4 mm ×50 mm),IonPac AS112HC 型阴离子色谱柱(4 mm ×250 mm),IonPac AG14 型阴离子保护柱(4 mm ×50 mm),IonPac AS14 型阴离子色谱柱(4 mm ×250 mm);ASRS2ULTRA 阴离子抑制器;Milli2Q 10 型超纯水仪(Millpore);CQX25206 型超声波仪(必能信(上海)超声有限公司);BP221S 型电子天平(感量 0.0001 g,赛多利斯公司)。

苹果酸、酒石酸钾钠、氢氧化钠(AR,国药集团);硫酸钠(光谱纯,国药集团);柠檬酸钠(AR,新乡市化学试剂有限公司);超纯水(18 MΩ · cm);卷烟纸样品(厦门烟草工业有限责任公司提供)。

2. 样品的处理与分析

1) 处理方法

将卷烟纸样品置于恒重的培养皿中,在 100 ℃下烘干至恒重。冷却至室温,准确称取 0.5 g 恒重的卷烟纸样品,将其置于 150 mL 带塞锥形瓶中,加入 40 mL 超纯水,在室温下超声萃取 45 min,过滤,滤液取样进行离子色谱分析。

2) 分析条件

抑制电流:80 mA。

进样量:25 μL。

流动相:NaOH 水溶液。

梯度洗脱：0～17 min，20 mmol/L NaOH 溶液，流速 0.8 mL/min；18～35 min，30 mmol/L NaOH 溶液，流速 1.5 mL/min。

2.1.2.2　结果与讨论

1. 色谱条件的选择

在分析阴离子常用的 IonPac AS14 型阴离子色谱柱上，用 $Na_2CO_3/NaHCO_3$ 缓冲溶液作为淋洗剂分离苹果酸、酒石酸、柠檬酸这 3 种酸根离子，发现这些酸根离子在此色谱柱上的保留较弱，色谱峰保留时间差别较小，导致色谱峰严重重叠，无法分离开。据报道，在分离有机酸的专用离子色谱柱—— IonPac AS112HC 型阴离子色谱柱上，采用 NaOH 溶液梯度洗脱的方法能够较好地分离多种有机酸根离子。因此，又用 IonPac AS112HC 型阴离子色谱柱做分离柱，在 0.8 mL/min的流速下，用 20 mmol/L NaOH 溶液等度洗脱的方法分离这 3 种酸根离子标样(见图 2-4)。实验发现，在此分离条件下，最先出峰的是一元酸根离子，其次是二元酸根离子，最后是三元酸根离子。

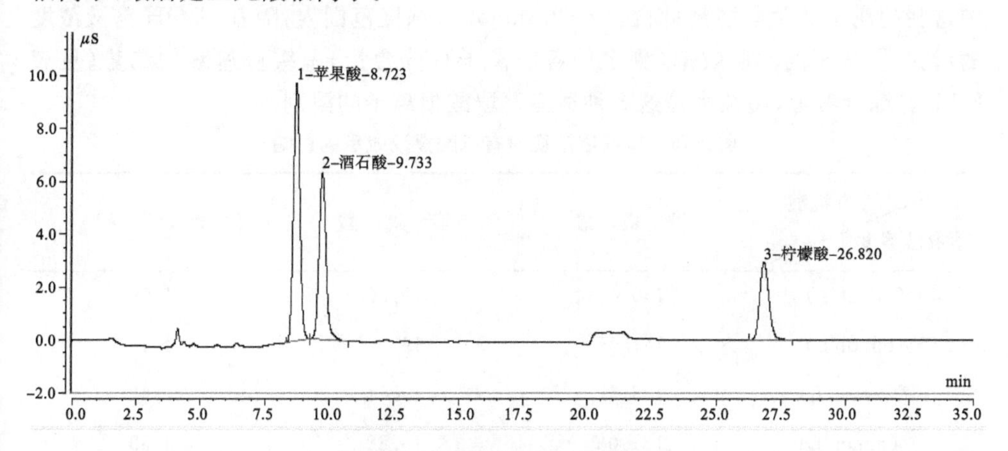

图 2-4　有机酸标准样品色谱图

有机酸实际样品色谱图如图 2-5 所示。

2. 萃取溶剂的选择

本实验采用溶剂超声萃取的方法提取卷烟纸样品中水溶性无机酸根和有机酸根离子。考虑到洗脱液为 NaOH 溶液，为了不破坏整个分析系统的酸碱平衡，在其他条件都相同的情况下，采用 0 mmol/L、5 mmol/L、10 mmol/L、20 mmol/L、30 mmol/L、40 mmol/L 和 50 mmol/L 的 NaOH 溶液进行提取卷烟纸中的这些酸根离子实验。结果发现：当 NaOH 溶液的浓度为 40 mmol/L 和 50 mmol/L 时，色谱峰保留时间发生严重偏移，且峰变形严重，导致苹果酸根和酒石酸根的色谱峰重叠，故 40 mmol/L NaOH 溶液和 50 mmol/L NaOH 溶液不适合作为卷烟纸样品

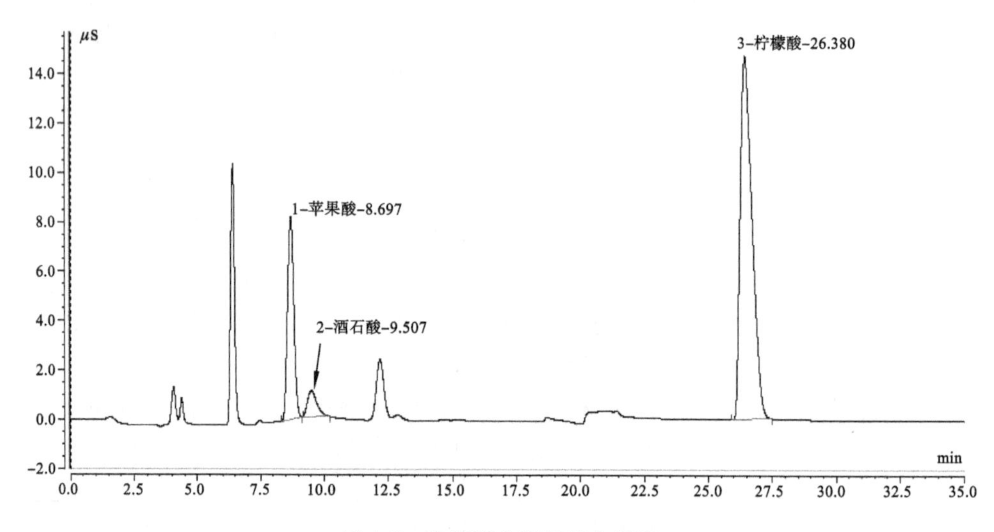

图 2-5 有机酸实际样品色谱图

中这些阴离子的萃取溶剂；而在 0～30 mmol/L 浓度范围内，随着 NaOH 溶液浓度的增大，阴离子的萃取效率（测定的各阴离子百分含量）呈缓慢递减的趋势（见表 2-16）。综合考虑，超纯水是这 3 种适宜萃取酸根离子的溶剂。

表 2-16 萃取液浓度对有机酸提取效率的影响

萃取液溶度 \ 有机酸	柠檬酸	苹果酸	酒石酸
0/(mmol/L)	140.45	19.66	4.59
5/(mmol/L)	141.35	19.25	4.48
10/(mmol/L)	135.52	19.01	4.42
20/(mmol/L)	121.03	18.88	4.39
30/(mmol/L)	112.34	18.12	4.12

3. 工作曲线、方法的重复性和回收率

以超纯水作为溶剂，配制含有 3 种酸根离子浓度的混标溶液，每种酸根离子浓度分别为 0.2 μg/mL、1 μg/mL、5 μg/mL、10 μg/mL、25 μg/mL、50 μg/mL。分别对各混合标液进行 IC 分析，并对这 3 种阴离子的响应值与其浓度进行回归分析，建立相应的工作曲线线性回归方程（见表 2-17）。采用本方法对同一卷烟纸样品分别平行测定 6 次，根据建立的回归方程计算酸根离子的含量。结果（见表 2-18）表明，3 种阴离子 6 次测定的相对标准偏差（RSD）均小于 7%，说明本方法的重复性较好。

表 2-17　方法的分析性能

有机酸＼方法性能	线性方程	R^2	RSD(n=6)
柠檬酸	Y=0.0692X+0.0212	0.9998	5.19%
苹果酸	Y=0.1637X+0.0112	0.9998	4.31%
酒石酸	Y=0.1849X−0.0812	0.9998	2.78%

在已知含量(3 次测定的平均值)的同一纸样中分别加入 3 个水平的这 3 种阴离子标准品，然后进行 IC 测定，并根据原含量、加标量和测定量计算回收率。结果(见表 2-18)表明，这些阴离子的回收率为 89%～105%，说明本方法比较准确。

表 2-18　方法的回收率

元素＼浓度	实际浓度/(μg/mL)	加标浓度/(μg/mL)	测试浓度/(μg/mL)	回收率/(%)
柠檬酸	140.45	100	237.21	97.7
		200	338.84	98.9
		300	441.38	100.7
苹果酸	19.66	10	28.18	92.5
		20	38.58	94.5
		30	47.64	89.7
酒石酸	4.59	5	9.05	88.2
		10	14.02	87.6
		15	20.01	109.2

2.1.3　卷烟纸木浆裂解产物分析方法

SPME 萃取卷烟纸样品热裂解产物后，采用气相色谱/质谱联用仪离子源分离检测。

2.1.3.1　实验

1. 仪器与试剂

Agilent 7890 GC/5975C MS 型气相色谱/质谱联用仪(美国 Agilent 公司)、Pyroprobe 2000 热裂解仪(美国 CDS 公司)、75 μm CAR/PDMS 固相微萃取头(美

国 Supelco 公司)。

2. 方法

1) 热裂解条件

初始温度为 30 ℃;升温速率为 10 ℃/ms;裂解温度可为 300 ℃、500 ℃、700 ℃;持续时间为 15 s;裂解氛围为空气环境。

2) 固相微萃取条件

采用黑色萃取头从自行设计的裂解瓶中对热裂解产物进行萃取,萃取时间为 30 min,萃取温度为 70 ℃,然后将 SPME 进样针头插入气相色谱高温汽化室中进行解吸附,解吸附时间为 2 min。

3) GC-MS 条件

毛细管柱:HP-5MS(30 m×0.25 mm×0.2 m)。

进样口温度:240 ℃。

载气:He。

流速:1 mL/min。

GC-MS 接口温度:250 ℃。

升温程序:50 ℃(1 min)、100 ℃(1 min)、260 ℃(5 min)。

分流比:10∶1。

离子源:EI 源。

电子能量:70 eV。

扫描范围:35~455 amu。

标准图谱库:NIST,WILEY 谱库。

2.1.3.2 木浆热裂解结果分析

选择一常用木浆作为研究载体,由实验结果(见表 2-19)可以看出:在 300 ℃条件下,该木浆热裂解产物的种类和数量相对较少,只有少部分的酸类、醛类、酮类和醇类;随着温度的升高,在 500 ℃条件下,HF-A 的热裂解产物种类有所增加,出现了呋喃类、酯类、苯酚类及茚类物质,数量由 10 种增加至 28 种;温度升高至 700 ℃时,热裂解产物的种类与 500 ℃相比增加了烃类、苯类、稠环芳烃类及吡喃葡糖,数量达 59 种。

表 2-19 卷烟纸木浆热裂解结果

化合物种类	300 ℃	500 ℃	700 ℃
巴豆醛/种	0	1	1
酸类/种	1	1	3
醛类/种	4	7	12

续表

化合物种类	300 ℃	500 ℃	700 ℃
酮类/种	4	10	12
醇类/种	1	1	1
呋喃类/种	0	1	4
酯类/种	0	1	0
烃类/种	0	0	1
苯酚类/种	0	5	7
苯类/种	0	0	1
稠环芳烃类/种	0	0	12
茚类/种	0	1	4
吡喃葡萄糖/种	0	0	1
总计/种	10	28	59

2.2 卷烟纸物理外观指标分析

卷烟纸物理指标有相应的标准要求(见表2-20),但是由目前应用的实际效果来看,现有卷烟纸控制物理指标不足以评价卷烟纸的质量稳定性。目前,根据相关文献研究结果,编者认为卷烟纸扩散率、罗纹强度和纤维尺寸是卷烟纸影响其卷烟质量的重要参数指标。

表2-20 卷烟纸现行标准要求

检测项目	单位	技术指标	检测方法
定量	g/m²	32.0±1.0	GB/T 451.2—2002
透气度(间隔带) 平均值	CU	80±10	GB/T 23227—2018
透气度(涂布带) 平均值	CU	≤15	GB/T 23227—2018
纵向抗张能量吸收	J/m²	≥5.00	GB/T 12914—2018
亮度(白度)	%	≥87.0	GB/T 7974—2013
荧光亮度(荧光白度)	%	≤0.6	GB/T 7974—2013
不透明度	%	≥73.0	GB/T 1543—2005
阴燃速率	s/150 mm	90±15	YC/T 197—2005
灰分	%	≥13.0	GB/T 742—2018

续表

检测项目		单位	技术指标	检测方法
水分		%	5.5±1.5	GB/T 462—2008
尘埃度	0.3～1.5 mm^2	个/m^2	≤12	GB/T 1541—2013
	1.0～1.5 mm^2		0	
	大于 1.5 mm^2		0	
宽度		mm	设计值±0.25	
长度		m	4 500+15	GB/T 12655—2018

2.2.1 卷烟纸扩散率测定分析

2.2.1.1 实验

卷烟纸的透气度会影响卷烟的燃烧性能。随着卷烟纸透气度的增加，卷烟燃吸时通过卷烟纸进入烟支的空气量增大，提高了对烟气的稀释率和烟气对外扩散率，导致烟气中烟碱、焦油、CO 降低，从而影响烟支的品吸口感。卷烟的透气度一般采用扩散率测量仪进行测定。

1. 仪器与试剂

A50 扩散率测量仪；扩散率测量范围为 0.010～2.5cm/s、二氧化碳测量范围为 0.01～10.00Vol%；分辨率为 0.01 Vol%；测量气体是 N_2(99.99 Vol%)；CO_2(99.995 Vol%)；标定气体大约为 5% CO_2/N_2(N_2 中大约有 5%的 CO_2)；零点标定是 N_2(99.99 Vol%)；测量头为 3 mm×20 mm，矩形；走纸速度为 30 mm/s；压缩空气为 5 bar，要求无油且干燥。

2. 方法

打开 A50 扩散率测量仪右侧电源开关，预热 2 h 以上。将压缩空气压力调节至 5 bar。接通二氧化碳、氮气及标准气体，并将气体使用压力调整至0.2 MPa。

3. 标准气的校准

将密封胶垫放在测头测试区域内。在主菜单窗口下按【measure】键(测量)—按【Cal. CO_2】键(校准)—按【2 point cal】键(2 点校正)，核对屏幕显示的标准气体浓度是否与在用的标准气体浓度一致，如正确按【Start】键开始 2 点校正。首先进行的是零点调整，如数值>0.02%，点击【Adjust】键开始调整，如数值≤0.02%，则点击【Next】键进入下一步标准气体(约 5%)的校正。同样，如数值>0.02%，点击【Adjust】开始调整；如数值≤0.02%，则点击【Next】键核对结果是否符合要求，如符合要求；则点击【Cancel】键结束校正。

4. 测量

将试样放在测头测试区域内。在主菜单窗口下按【Series】键(系列测量),选择对应的测试程序、输入试样名称、测试点数后按【Start】键开始测试。测试完成后点击【List】键列表查看最终统计结果,然后点击【Close】键结束测试。

2.2.1.2 扩散率测试结果

选择2种卷烟纸作为研究载体,每个样本平行测试10次,实验结果列于表2-21中。从表2-21中可以看出:单个样本不同点的扩散率有微小差异,2种纸张样本的扩散率在结果上是有差异的。

表2-21 卷烟纸扩散率检测结果

编号	单点扩散率数据/(%)										平均值
HF1-1	2.26	2.29	2.28	2.27	2.31	2.17	2.45	2.31	2.27	2.21	2.28
HF1-2	2.12	2.06	2.12	2.15	2.09	2.22	2.06	2.31	2.16	2.21	2.15

2.2.2 卷烟纸罗纹测定分析

罗纹强度是卷烟纸的外观指标,是一个描述卷烟纸中罗纹区域和非罗纹区域明度的比值,其公式为$(g2-g1)\div(g2+g1)\times 100\%$,其中$g2$是非罗纹区域的明度值,$g1$是罗纹区域的明度值。匀度是卷烟纸明度的波动。罗纹强度单位以%表示。

2.2.2.1 实验

1. 实验仪器

罗纹强度和匀度测定仪(德国MP3000)。

2. 方法

取样:按GB/T 2828.1—2012对一个批次的卷烟纸进行抽样,样本单位为盘,每个样本去掉保护层后,随机取10条约1.0 m长的卷烟纸作为该样本的测试样品,注意取样时不要接触测试区域。

测定步骤:按GB/T 10739—2002进行样品调节,并在相应的环境条件下测试。

(1) 接通电源,预热4 h以上,仪器处于稳定状态,校准通过后,在Program Selection一栏选择Press Marks(12.5 mm×12.5 mm)方法,进入测试程序。

(2) 输入样本名称,取一条卷烟纸试样,将试样正面平整向上放入测试头下,使通过试样的透过光的方向与纸平面垂直,测定每个试样,注意观察电脑屏幕的试样显示区域,必须保证试样罗纹与显示区域左右两边平行,且保证试样充满整个显示区域。

(3) 从屏幕菜单中选取测定的罗纹强度和匀度值。

(4) 取第二个试样,重复步骤(2)和(3)。

(5) 每条测试 1 个点,每个样本测试 10 个点,结果取平均值(用算术平均值表示,精确至 0.1)。

2.2.2.2 罗纹测试结果

选择浙江嘉兴民丰特种纸股份有限公司(以下简称“民丰纸业”)的系列卷烟纸作为测试样,数据列于表 2-22 中。

表 2-22 卷烟纸扩散率检测结果

编号	MF2-1	MF2-2	MF2-3	MF2-4	MF3-1	MF4-13	MF4-15	MF5-2	MF5-3	MF5-4
罗纹强度结果/(%)	9.2	9.7	9.8	10	9.7	5.7	12.9	9.8	/	/

2.2.3 卷烟纸纤维测定分析

卷烟纸样品经超纯水分散后,采用染色剂染色,用光学显微镜观察测定。

2.2.3.1 实验

1. 主要仪器及用具

显微镜:放大倍数为 50～400 倍,配有带推进尺的载物台。目镜装有十字测微尺或指针,自然光照明,如使用灯光照明,光源采用 15～20 W 的日光灯,用蓝滤光片。

载玻片:75 mm×25 mm。

盖玻片:22 mm×22 mm。

解剖针和镊子。

纤维分散设备:一个容量为 250 mL 带橡皮塞的玻璃广口瓶。

过滤器:网目大小为 0.152 mm。

特制滴管:滴管按 0.5 mL 刻度。

烘干设备:能控制温度为 50～60 ℃的电热板、烘箱或红外线灯。

特种铅笔:用以在玻璃上写字或做记号。

有关试剂及药品:所用药品均需采用分析。

2. 试样的采取与制备

按 GB/T 450—2008《纸和纸板 试样的采取及试样纵横向、正反面的测定》的规定进行,再从其中取有代表性的样品约 0.2 g,根据试样特点选用以下任一方法使纤维分离以得到单纤维，以便染色和观测。

将试样润湿后撕成小片，放在烧杯中，用热蒸馏水浸泡或煮沸。用手指分别将纸片揉成小球，放在试管中振摇或放入盛有玻璃球的广口瓶中轻轻搅动，使纤维分散。如果试样不易分散，可用1%氢氧化钠煮沸几分钟，洗净后用0.05 mol/L盐酸浸泡几分钟，再洗几次后，将纸片揉成小球，用盛有玻璃球的广口瓶使纤维分散。分散了的纤维试样用过滤器滤干备用。

1）试片的制备

清洁的载片、破片最好保存在50%的乙醇中，用时取出擦干。

将分散良好并混合均匀的试样在滤网上滤干，取少许置于载玻片上，加上1～2滴染色剂，用解剖针和镊子使纤维分散均匀、盖上盖玻片，立即于显微镜下观察。有的染色剂，如Graff C染液及Selleger染液，染色效应受纤维含水量的影响较大，使用前需将试片水分蒸干。为此，将分散了的纤维试样制成悬浮液，浓度大的为0.05%，使用特种铅笔在距载玻片两端各25 mm处画一条直线，把载玻片置于50～60 ℃的电热板（或其他烘干设备）上，然后摇匀试样，用特制滴管取试样悬浮液0.5 mL滴在载玻片一端的方块内。另取0.5 mL试样悬浮液滴在另一端的方块内，水分蒸到半干，纤维仍能在载玻片上拨动时，用解剖针将纤维分散均匀，再使蒸干水分。试片冷却到室温后滴上2～3滴所选用的染色剂，并使其与纤维均匀接触，1～2 min以后，盖上玻片，用滤纸吸取多余的染液，立即于显微镜下观察。

2）染色剂及其使用

针叶木与叶木化学浆的鉴别：Selleger染色剂多用于区别针叶木浆与阔叶木浆，区别木浆与草浆时与Graff C染色剂互相核对，染色现象如下。

（1）漂白针叶木浆：暗棕红色。

（2）漂白阔叶木浆：蓝紫色。

（3）棉浆、麻浆：酒红色、红褐色。

3）分析方法

（1）纤维组成分析：每个试样应制备纤维试片至少2个，在50～100倍显微镜下观察纤维形态及染色现象，观察细微特征时放大250～400倍，根据纤维形态特征及观察到的染色现象鉴定试样中的纤维种类。

（2）纤维配比的测定。

①当试样中有两种以上的纤维，并要求定量地报告其成分时，要测定纤维配比，即各种纤维的百分含量，方法有估计法和计数法两种。

估计法是根据显微镜视野中各种纤维的相对含量进行估计，或与已知样品对照进行估计。

计数法比估计法慢得多，但较准确。计数法用显微镜推进尺移动载玻片，使目镜的十字测微尺的中心正对盖玻片的一条边，从距顶角2～3 mm处开始，沿水平方向慢慢移动载玻片，读取穿过十字测微尺的中心（或指针端部）的各种纤维数。可以每移动一行读一种纤维通过数，也可以借助一个计数器同时读取几种纤维的通过数。如果一根纤维或一段纤维穿过中心多于一次，则每通过一根或一段记录一个数。如果某纤维或纤维段（大于 0.1 mm）不穿过十字测微尺的中心，而在视野范围中顺中心平行移动，则每通过一根或一段记录一次。对纤维束，束中有几根纤维记几个数；纵裂了的纤维，根据其宽度，折合成相当的纤维数记录。小于 0.1 mm 的纤维碎段或杂细胞可忽略不计。测定时保持试片不做垂直方向移动，当一条线上的纤维观测完后，垂直移动载玻片 5 mm，并用同样方法记录通过的纤维数。如此测取四条线上的纤维，如果制片得当，每个试片上纤维总数为 200～300 根。每个试样分别测定 2 个试片。

②重量因子：按以上方法测得各种纤维穿过目镜十字测微尺中心点的次数，该数值与各种纤维在试片中的总长度成比例。重量因子为纤维单位长度的相对重量，将测定数值乘以该纤维的重量因子，即为其在试样中所占的相对重量，进而计算各种纤维的重量百分比（重量因子随纤维的品种、产地、制浆方法、漂洗筛选程度不同而异。分析人员可根据需要自行测定所需纸浆的重量因子。中国制浆造纸研究院测定了我国常用的几种中等蒸煮程度纸浆的重量因子）。

③纤维配比计算公式如下：

$$X_a=\frac{f_nN_n}{f_1N_1+f_2N_2+\cdots+f_nN_n}\times 100\%$$

式中：X_a为各种纤维配比；

$f_1,f_2,\cdots,f_n$ 为各种纤维的重量因子；

$N_1,N_2,\cdots,N_n$ 为各种纤维的通过数；

试验结果按两个试片的平均值表示。

试验结果准确至整数位，纤维配比小于 2%者，以痕迹报告结果。

2.2.3.2 纤维测试结果

选择 9 组样品进行测试，测试数据列于表 2-23 中，典型纤维示意图如图 2-6 所示。

表 2-23 纤维分析结果

样品编号	针叶木：阔叶木
1	34：66
2	36：64
3	36：64
4	36：64

续表

样 品 编 号	针叶木∶阔叶木
5	35∶65
6	38∶62
7	37∶63
8	37∶63
9	36∶64

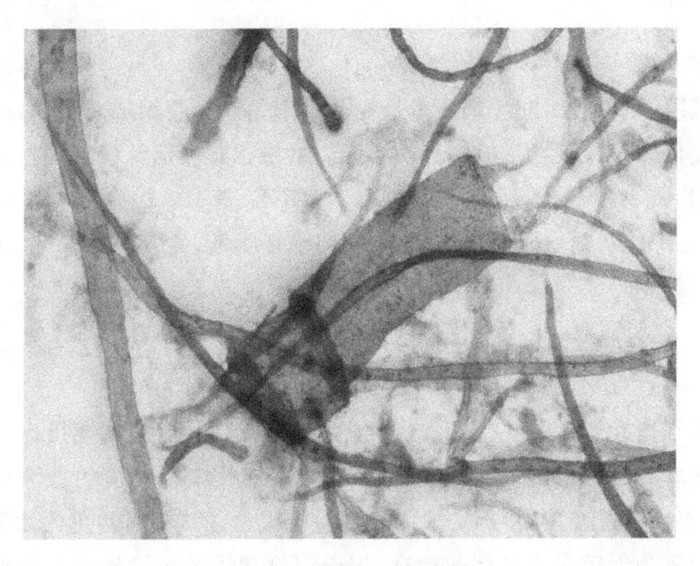

图 2-6　典型纤维示意图

第3章　卷烟质量指标及分析方法

卷烟纸用于卷烟，因此卷烟质量指标的稳定是评价卷烟纸质量的重要标准，也是卷烟纸优化提升的最终目标。目前卷烟质量指标有卷烟常规烟气指标（焦油、烟碱和 CO）、烟气七项成分释放量（CO、HCN、NNK、氨、BAP、苯酚和巴豆醛）、卷烟燃烧温度、卷烟包灰能力、烟气 pH 值和卷烟感官质量。

3.1　卷烟烟气指标分析方法

卷烟烟气指标包括常规指标和烟气七项成分指标，烟气常规指标是卷烟生产企业产品出库的必检指标，其中焦油不得超出规定限制。相应的检测标准已出台几十年，且不断改进换版，指标的检测也日益机械化、简单化，避免人为误差。烟气七项成分指标是近年来才出台的指标，用于评价卷烟的风险性。目前烟草行业采用烟气中七项成分的释放量总体评价卷烟的安全性。本书就烟气中七项成分的检测方法进行详解。

3.1.1　主流烟气中氰化氢的测定

3.1.1.1　试剂与材料

氢氧化钠、氰化钾、氯胺 T、邻苯二甲酸氢钾、异烟酸、1,3-二甲基巴比妥酸、浓盐酸，质量分数为 37%、Brij35 溶液（聚氧乙烯月桂醚）。

3.1.1.2　设备

分析天平（精确至 0.000 1 g）、连续流动分析仪（配光度检测器和 600 nm 滤光片）、振摇器、精密 pH 计、80 mL 打孔气体吸收瓶。

3.1.1.3　采样及试样制备

按 GB/T 5606.1—2004 抽取样品。按 GB/T 19609—2004 标准条件抽吸卷烟，每个通道抽吸4支。

3.1.1.4　样品的前处理和分析

1. 滤片浸提液

抽吸卷烟后，取出截留主流烟气的剑桥滤片，将其放入 125 mL 锥形瓶中，加入50 mL 0.1 mol/L 氢氧化钠溶液，常温下浸泡振荡 30 min，过滤后装入样品杯内。

2. 气相捕集液

用 30 mL 0.1 mol/L 氢氧化钠溶液捕集4支卷烟主流烟气气相中的氰化氢。用氢氧化钠溶液淋洗吸收瓶与主流烟气接触的部分，合并捕集液及淋洗液，转入50 mL 容量瓶中，用氢氧化钠溶液定容至刻度，摇匀，装入样品杯内。

3. 样品的测定

样品在连续流动仪上经过在线稀释二次进样分析，分析工作标准液系列和样品溶液，用 600 nm 处检测器响应值(峰高)外标法定量。每个样品重复测定2次。

氰化氢检测连续流动仪典型配置图如图 3-1 所示。

3.1.1.5　方法的检出限和定量限

1. 标准样品和卷烟样品谱图

在选定的实验条件下获得的标样及样品图谱见图 3-2。图 3-2 表明，标准溶液及样品光谱峰均分离良好，且峰形好，可以进行定量分析。

2. 方法的分析性能

1) 方法的线性方程及线性相关系数

HCN 测试方法的分析性能如图 3-3 所示。

2) 方法的检出限和定量限

连续测定最低浓度的标准溶液 10 次，结果列于表 3-1 中。

表 3-1　HCN 最低浓度的标准溶液连续测定值

测定次数	1	2	3	4	5	6	7	8	9	10
测定值/(mg/L)	47.72	46.44	46.04	46.24	46.14	46.04	47.42	47.79	48.46	48.55

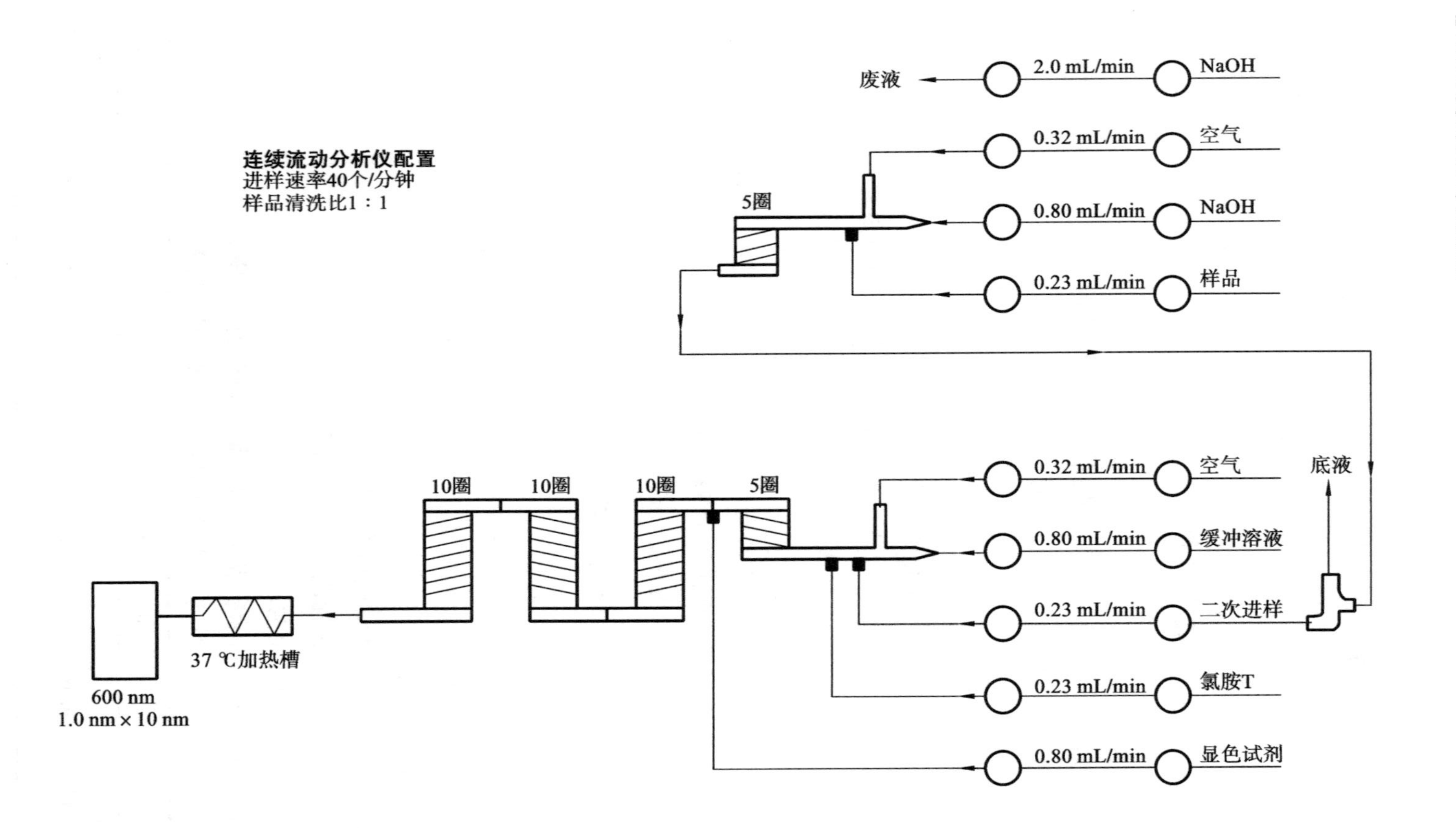

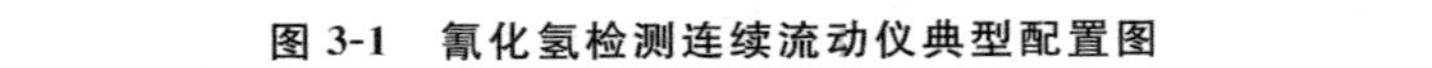
图 3-1 氰化氢检测连续流动仪典型配置图

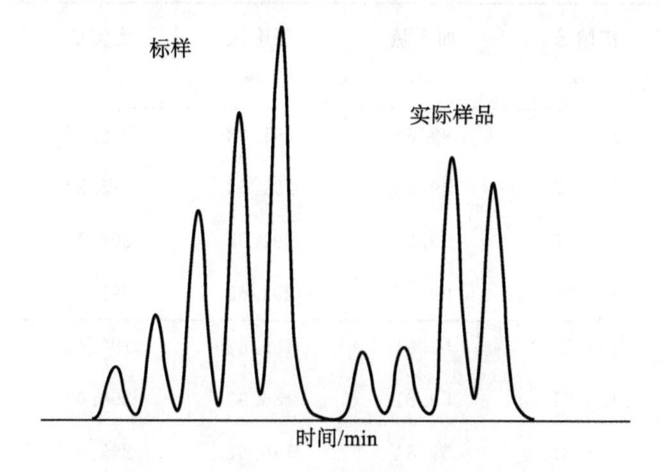

图 3-2　连续流动分析仪 HCN 检测图谱

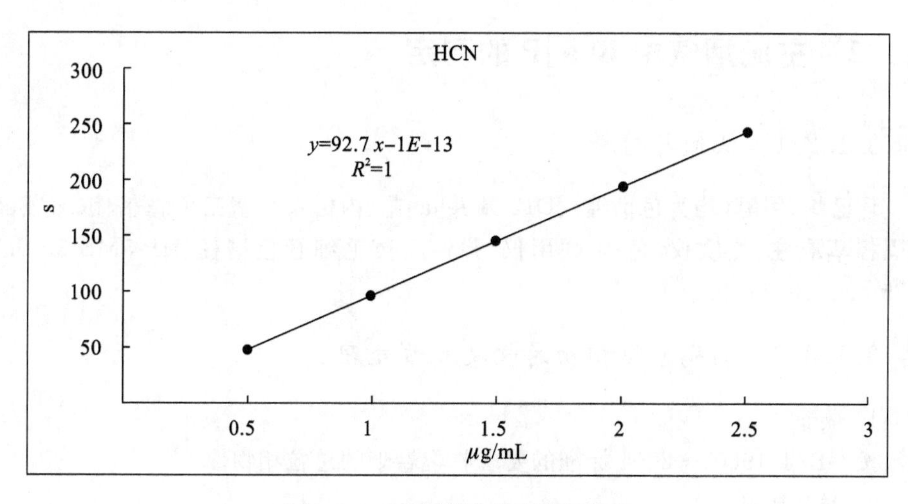

图 3-3　HCN 测试方法的分析性能

根据检出限的计算公式，求得本方法的检出限为 0.8 μg/cig，定量限为2.67 μg/cig。

3.1.1.6　方法的回收率实验

先测得某个规格卷烟样品 HCN 的含量，以含量的 50％添加水平测定回收率，结果列于表 3-2 中。本实验的回收率为 103.17％，结果满意。

表 3-2 HCN 回收率实验

HCN 类型	初始量/μg	加入量/μg	理论值/μg	实测值/μg	回收率/(%)
气相	191.95	99.68	291.63	276.16	94.70
	191.95	99.68	291.63	315.23	108.09
	191.95	99.68	291.63	308.58	105.81
	191.95	99.68	291.63	291.13	99.83
粒相	126.81	59.81	186.62	180.44	96.69
	126.81	59.81	186.62	204.02	109.33
	126.81	59.81	186.62	203.07	108.82
	126.81	59.81	186.62	190.48	102.07

3.1.2 主流烟气中 B[a]P 的测定

3.1.2.1 试剂与材料

环己烷、甲醇(均为色谱纯)、D12-苯并[a]芘(内标)、具塞三角烧瓶、浓缩瓶、硅胶固相萃取柱、氮吹仪、色-质联用仪、弹性石英毛细管色谱柱 HP-5MS 30 m×0.25 mm×0.25 μm。

3.1.2.2 烟气总粒相物的收集和预处理

1. 收集

按 GB/T 19609—2004 标准的要求收集卷烟的总粒相物。

2. 样品萃取

将收集有 20 支卷烟的总粒相物滤片放入 100 mL 锥形瓶中,准确加入 40 mL 环己烷,超声波萃取 40 min,静置数分钟。

3. 样品纯化

固相萃取柱的活化:先用 5~10 mL 甲醇(分析纯以上)去杂质,甲醇完全过柱后(排干),再用 5~10 mL 环己烷活化。

准确移出 10 mL 萃取液加到硅胶固相萃取柱上,使液体全部流过柱子,然后再分次加入 30 mL 环己烷洗脱,收集所有洗脱液,准确加入内标后,将洗脱液在旋氮吹仪上氮气保护下浓缩至 0.5 mL,即可进行色-质分析。

3.1.2.3　色-质谱分析条件

程序升温：150 ℃ $\xrightarrow{6\ ℃/min}$ 280 ℃（20 min）。进样口温度：290 ℃。分流比：10∶1。进样体积：1～2 μL。电离方式：EI。离子源温度：230 ℃。传输线温度：280 ℃。扫描方式：SIM。选择离子为苯并[a]芘 252，D12-苯并[a]芘 264。对每个离子的监测时间均为 50 ms，使用内标法定量。

3.1.2.4　方法的检出限和定量限

1. 标准样品和卷烟样品的色谱图

在选定的实验条件下获得的标样及样品选择离子色谱图如图 3-4 所示。图3-4 表明，标样及内标的选择离子色谱峰分离良好，且峰形好，可以进行定量分析。

2. 方法的分析性能

1）方法的线性方程及线性相关系数

B[a]P 测试方法的分析性能如图 3-5 所示。

2）方法的定量限和检出限

连续测定最低浓度的标准溶液 8 次，结果列于表 3-3 中。

表 3-3　B[a]P 最低浓度的标准溶液连续测定值

测定次数	1	2	3	4	5	6	7	8
测定值/(mg/mL)	0.81	0.8	0.77	0.76	0.73	0.71	0.7	0.69

根据检出限的计算公式，求得本方法的检出限为 0.07 ng/cig，定量限为0.25 ng/cig。

3.1.2.5　方法的回收率实验

先测得某个规格卷烟样品 B[a]P 的含量，以含量的 50%添加水平测定回收率。本实验所得回收率为 98.84%，结果满意。

3.1.3　主流烟气中苯酚的测定

3.1.3.1　试剂与材料

超纯水、乙腈（色谱纯）、乙酸、苯酚、乙酸水溶液（体积分数）。

3.1.3.2　仪器

分析天平（精确至 0.000 1 g）、高效液相色谱仪、色谱柱（150 mm × 4.6 mm）。

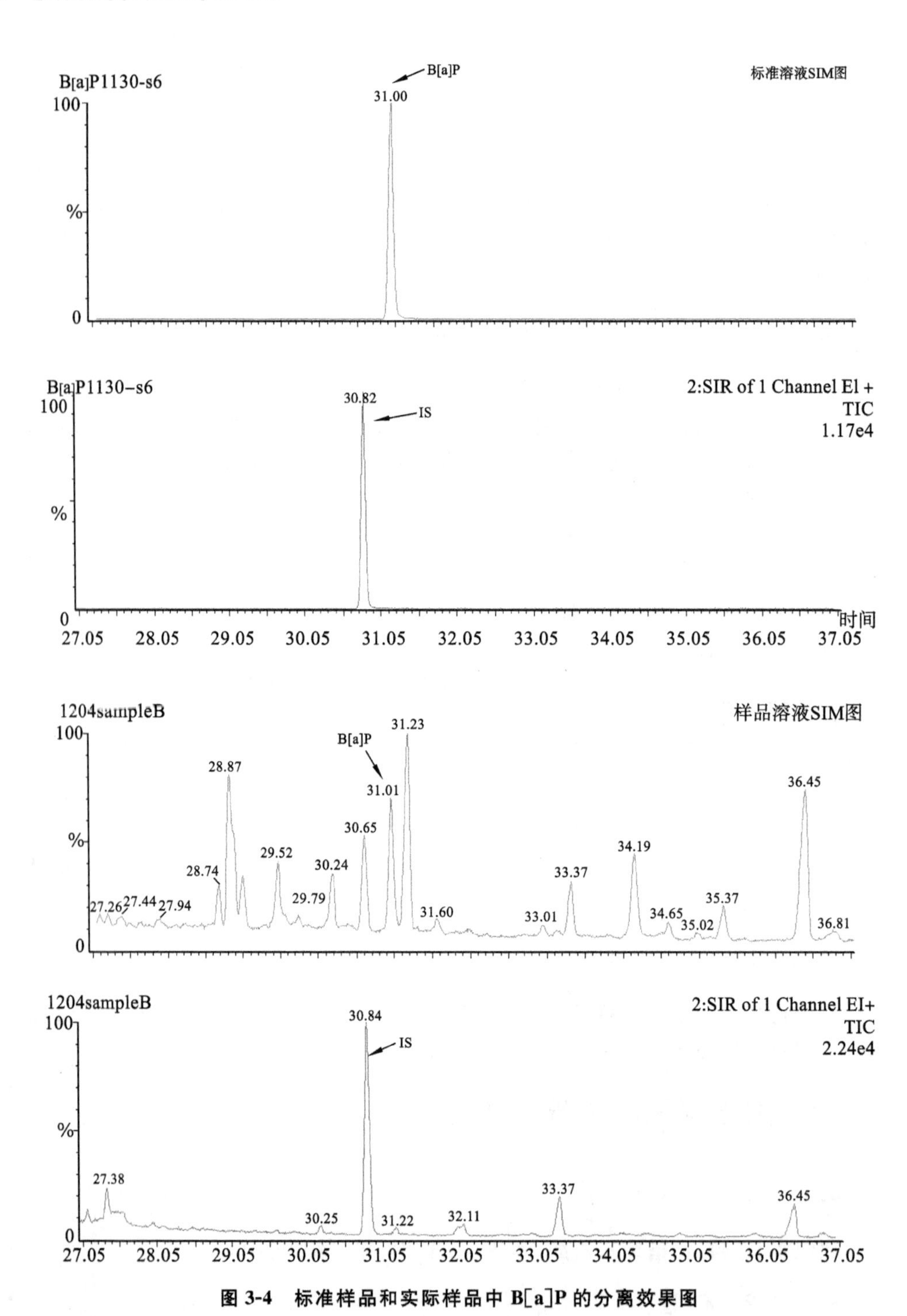

图 3-4　标准样品和实际样品中 B[a]P 的分离效果图

固定相(C18(LUNA))。填料粒度:5 μm、水相滤膜,0.45 μm、超声波振荡器。

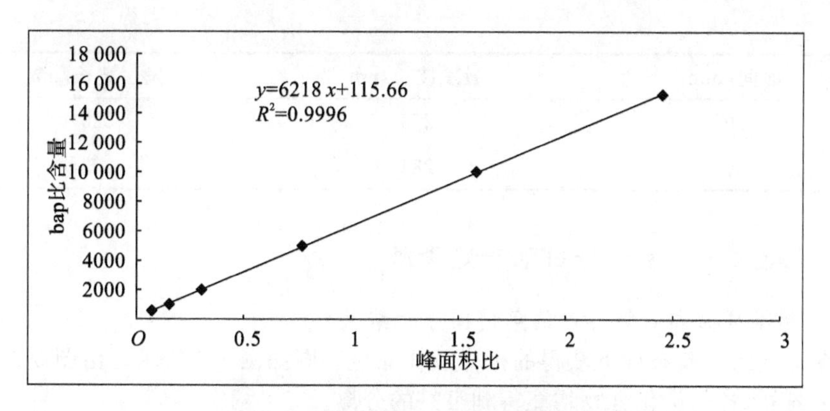

图 3-5　B[a]P 测试方法的分析性能

3.1.3.3　分析步骤

1. 卷烟的抽吸

按照 GB/T 19609—2004 的规定收集 4 支卷烟的总粒相物。

2. 样品萃取

将捕集有主流烟气总粒相物的玻璃纤维滤片折叠放入 200 mL 锥形瓶中，准确加入 50 mL 萃取溶液，室温下超声萃取 20 min，静置 5 min。取约 2 mL 萃取液，用 0.45 μm 水相滤膜过滤。样品萃取液应在 3 d 内进行分析。

3. 高效液相色谱仪

流动相 A：1%乙酸水溶液。

流动相 B：水∶乙酸∶乙腈(69∶1∶30)。

柱温：30 ℃。

柱流量：mL/min。

进样体积：10 μL。

梯度：0 min，流动相 A 80%，流动相 B 20%；40 min，流动相 A 0%，流动相 B 100%。

检测器：荧光检测器条件如表 3-4 所示。

表 3-4　荧光检测器条件

时间/min	激发波长/nm	发射波长/nm
0	284	332
5	275	315
8	277	319
12	272	309

续表

时间/min	激发波长/nm	发射波长/nm
20	273	323
40	284	332

3.1.3.4 方法的检出限和定量限

1. 标准样品和卷烟样品的色谱图分析结果

在选定的试验条件下获得的标样及样品色谱图如图 3-6 所示。由图 3-6 可知，除对甲酚外，各酚类化合物均能得到很好的分离。

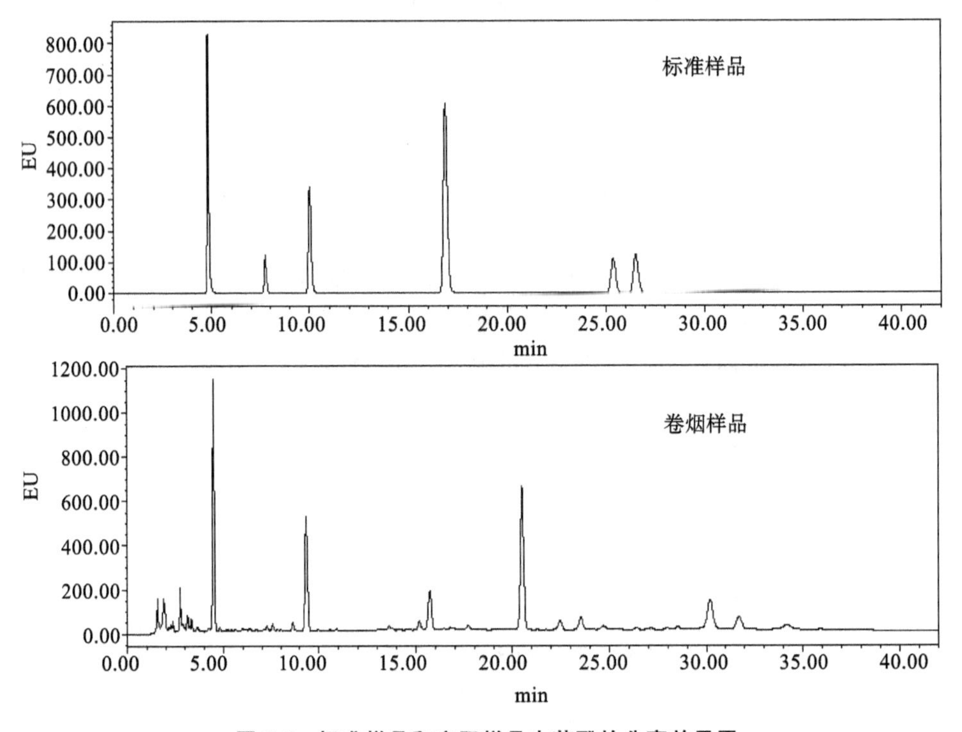

图 3-6 标准样品和实际样品中苯酚的分离效果图

2. 方法的分析性能

1）方法的线性方程及线性相关系数

苯酚测试方法的分析性能如图 3-7 所示。

2）方法的检出限和定量限

连续测定最低浓度的标准溶液 10 次，测定值分别为 4.73、4.74、4.74、4.74、4.75、4.76、4.78、4.80、4.80 和 4.81，根据检出限的计算公式，求得本方法的检出限为0.12μg/cig，定量限为 0.37μg/cig。

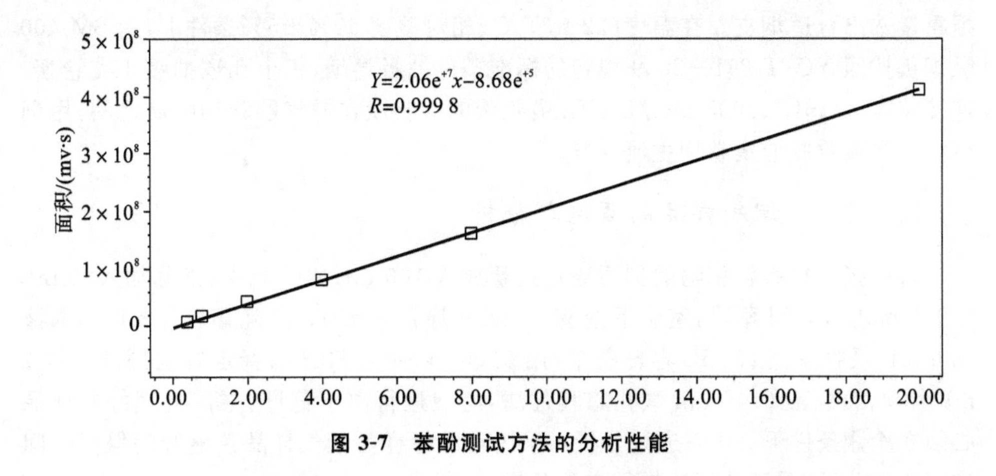

图 3-7　苯酚测试方法的分析性能

3.1.3.5　方法的回收率实验

先测得某个规格卷烟样品苯酚的含量，以含量的 50%添加水平测定回收率。本实验所得回收率为 98.84%，结果满意。

苯酚回收率实验数据如表 3-5 所示。

表 3-5　苯酚回收率实验数据

次　数	测定值/(μg/支)	初始值/(μg/支)	加入量/(μg/支)	回收率/(%)
1	23.99	16.81	10.22	88.74
2	26.40	16.81	10.22	97.66
3	27.88	16.81	10.22	103.12
4	28.68	16.81	10.22	106.09

3.1.4　主流烟气中氨的测定

3.1.4.1　试剂与材料

离子色谱仪、戴安 ED-50 电导检测器、戴安 CSRS-Ⅱ抑制器、戴安 Ionpac CS12A 阳离子交换分析柱、戴安 Ionpac CG12A 阳离子交换预柱(美国戴安公司)、振荡仪、SM400 吸烟机，HCl、NH_4Cl>99.5%(分析纯)，MSA>99%(流动相)，电导水(R>18 MΩ)，参比卷烟 2R4F 和 1R5F。

3.1.4.2　主流烟气的捕集

将样品卷烟在温度(22±1) ℃、相对湿度 60%±2%条件下平衡 48 d，然后根据重量选出合适烟支。在温度(22±2) ℃、相对湿度 60%±5%条件下,用 SM 400 吸烟机按照 YC/T 291—2009 规定的标准条件抽吸卷烟,每个孔道抽吸 4 支卷烟,连接装有 20 mL、0.005 mol/L HCl 吸收液的吸收瓶在捕集器和抽吸筒之间,用剑桥滤片和吸收瓶捕集卷烟主流烟气。

3.1.4.3 烟气样品的萃取与分析

将一张捕集有粒相物的剑桥滤片折叠放入 100 mL 锥形瓶中,准确加入20 mL 0.005 mol/L HCl 萃取,室温下振荡 40 min,静置 5 min。准确移取 5 mL 萃取液和 5 mL 吸收液至 25 mL 容量瓶中,用 0.005 mol/L HCl 稀释定容至刻度。取 2 mL 稀释溶液,经 0.45 μm 微孔滤膜过滤,滤液进行离子色谱分析(处理好的样品必须在冷藏条件下 2 d 内进行分析),采用对照标样与烟气样品色谱峰的保留时间进行定性分析,采用外标法进行定量分析。

3.1.4.4 离子色谱条件

色谱柱:戴安 IonPac CS12A 阳离子交换分析柱。
预柱:戴安 IonPac CG12A 阳离子交换预柱。
抑制器:CSRS-II。
柱温:室温柱流速 1 mL/min。
进样量:25 μL。
流动相:溶液 A,H_2O;溶液 B,0.1N MSA。
梯度条件:见表 3-6。

表 3-6 洗脱梯度

时间/min	流动相 A/(%)	流动相 B/(%)
0	88	12
10	88	12
10	80	20
20	80	20
20	88	12
25	88	12

3.1.4.5 方法的检出限和定量限

1. 标准样品和卷烟样品的色谱图

在选定的实验条件下获得的标样及样品图谱如图 3-8 所示。图 3-8 表明,标准溶液及样品离子色谱峰均分离良好,且峰形好,可以进行定量分析。

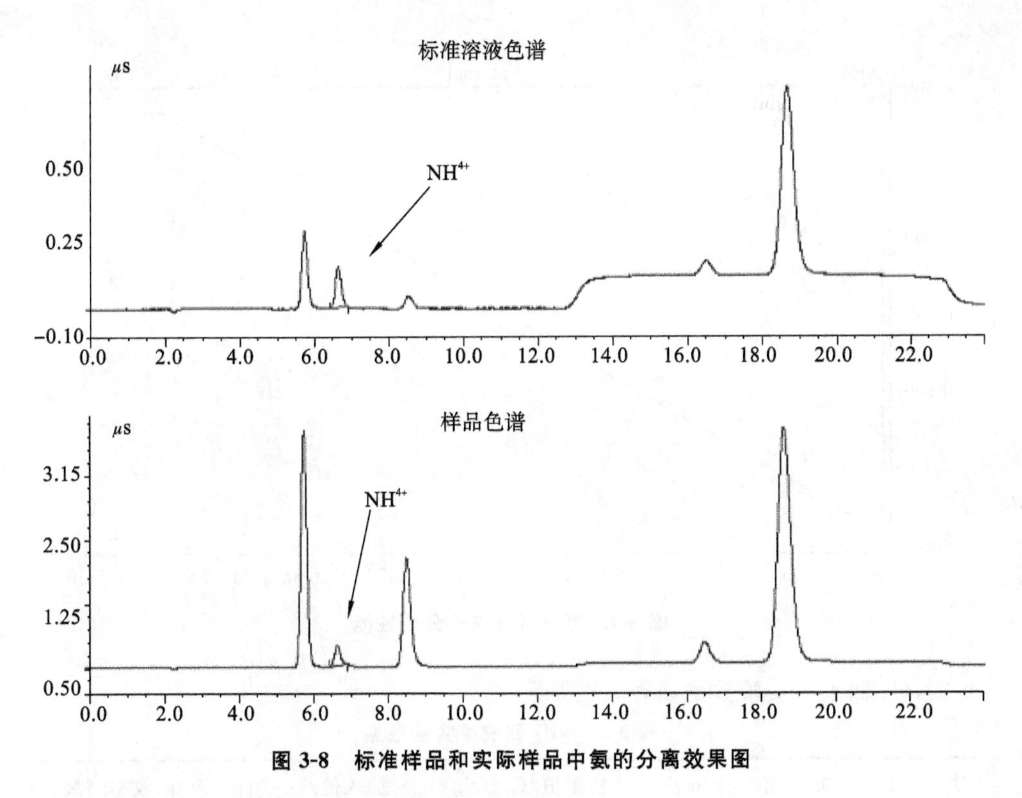

图 3-8　标准样品和实际样品中氨的分离效果图

2. 方法的分析性能

1）方法的线性方程及线性相关系数

氨测试方法的分析性能如图 3-9 所示。

2）方法的检出限和定量限

连续测定最低浓度的标准溶液 10 次，结果列于表 3-7 中。

表 3-7　NH_3 最低浓度的标准溶液连续测定值

测定次数	1	2	3	4	5	6	7	8	9	10
测定值 /(μg/mL)	0.087	0.086	0.082	0.082	0.083	0.079	0.084	0.083	0.082	0.079

根据检出限的计算公式，求得本方法的检出限为 0. 17 μg/cig，定量限为0. 57 μg/cig。

3.1.4.6　方法的回收率实验

先测得某个规格卷烟样品 NH_3 的含量，以含量的 50%添加水平测定回收率。本实验所得回收率为 99. 20%，结果满意。

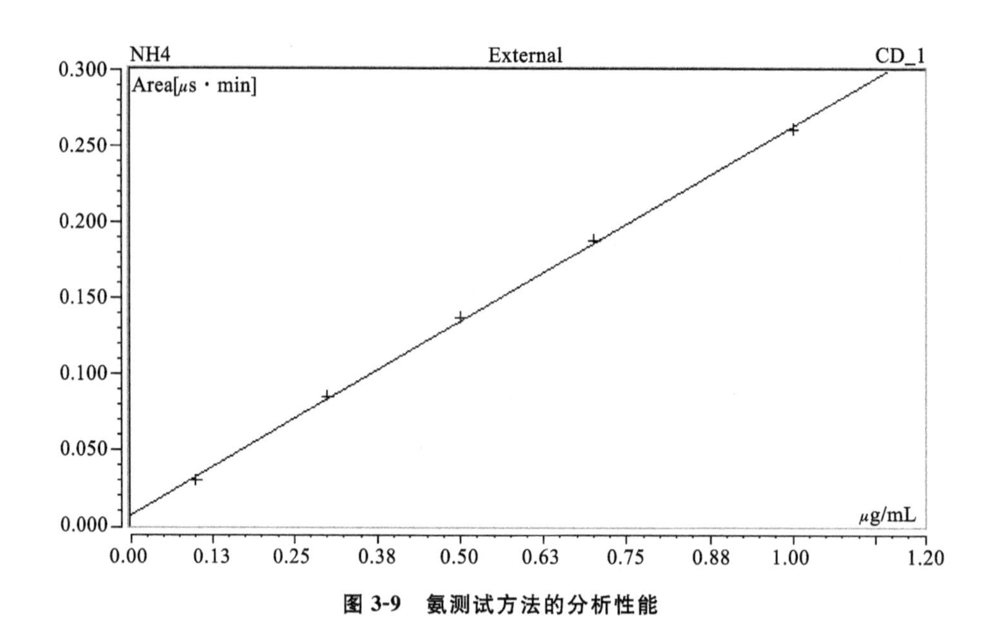

图 3-9 氨测试方法的分析性能

NH_3 回收率实验数据如表 3-8 所示。

表 3-8 NH_3 回收率实验数据

次　数	实测值/(μg/cig)	初始值/(μg/cig)	加入值/(μg/cig)	回收率/(%)
1	13.73	4.58	9.44	0.98
2	13.75	4.58	9.44	0.98
3	13.78	4.58	9.44	0.98
4	14.52	4.58	9.44	1.04

3.1.5 主流烟气中巴豆醛的测定

3.1.5.1 试剂与材料

去离子水；乙腈，色谱纯（或分析纯经重蒸后使用）；高氯酸；吡啶；2,4-二硝基苯肼(DNPH)，使用前应经乙腈重结晶；甲醛、乙醛、丙酮、丙烯醛、丙醛、巴豆醛、2-丁酮、丁醛的 2,4-二硝基苯肼衍生化合物，纯度应大于 97%；分析天平（精确至 0.000 1 g)；高效液相色谱仪；色谱柱，250 mm×4.6 mm(Acclaim®Explosive E2)；填料粒度，5 μm；有机相滤膜，0.45 μm；预柱，10 mm ×4.3 mm×5 μm (Acclaim®Explosive E2)；超声波振荡器；真空干燥器。

3.1.5.2 分析步骤

1. 玻璃纤维滤片的处理和准备

将2张玻璃纤维滤片叠放，用移液管均匀加入2 mL衍生化试剂，放置于真空干燥器内中晾干。在卷烟抽吸前，在晾干的滤片上准确加入1 mL衍生化试剂。

2. 卷烟的抽吸

按照GB/T 19609—2004的规定收集2支卷烟的总粒相物。卷烟抽吸结束后，空吸2口，取出捕集器，放置3 min，使烟气中的羰基化合物充分与DNPH进行反应。

3. 样品萃取

取出捕集有主流烟气粒相物的玻璃纤维滤片，转移至100 mL锥形瓶中，用移液管准确加入50 mL萃取溶液，机械振荡10 min，静置2 min。取适量萃取液用0.45 μm有机相滤膜过滤后，移到2 mL色谱瓶中，进行HPLC分析。

4. 高效液相色谱仪

流动相A：水。

流动相B：乙腈。

柱温：30 ℃。

柱流量：0.8 mL/min。

进样体积：5 μL。

梯度：0 min，流动相A 100%，流动相B 0%；20 min，流动相A 60%，流动相B 40%。

检测器：检测波长365 nm。

分析时间：约为60 min。

3.1.5.3 标准样品和卷烟样品的谱图

在选定的实验条件下获得的标样及样品液相色谱图见图3-10。图3-10表明，卷烟主流烟气中主要的羰基化合物色谱峰均分离良好，且峰形好，可以进行定量分析。

3.1.5.4 方法的分析性能

1. 方法的线性方程及线性相关系数

巴豆醛测试方法的分析性能如图3-11所示。

2. 方法的检出限、定量限和回收率

连续测定最低浓度的标准溶液8次，根据检出限的计算公式，求得本方法的检出限为0.08 μg/cig，定量限为0.25 μg/cig。

先测得某个规格卷烟样品巴豆醛的含量，以含量的50%添加水平测定回收

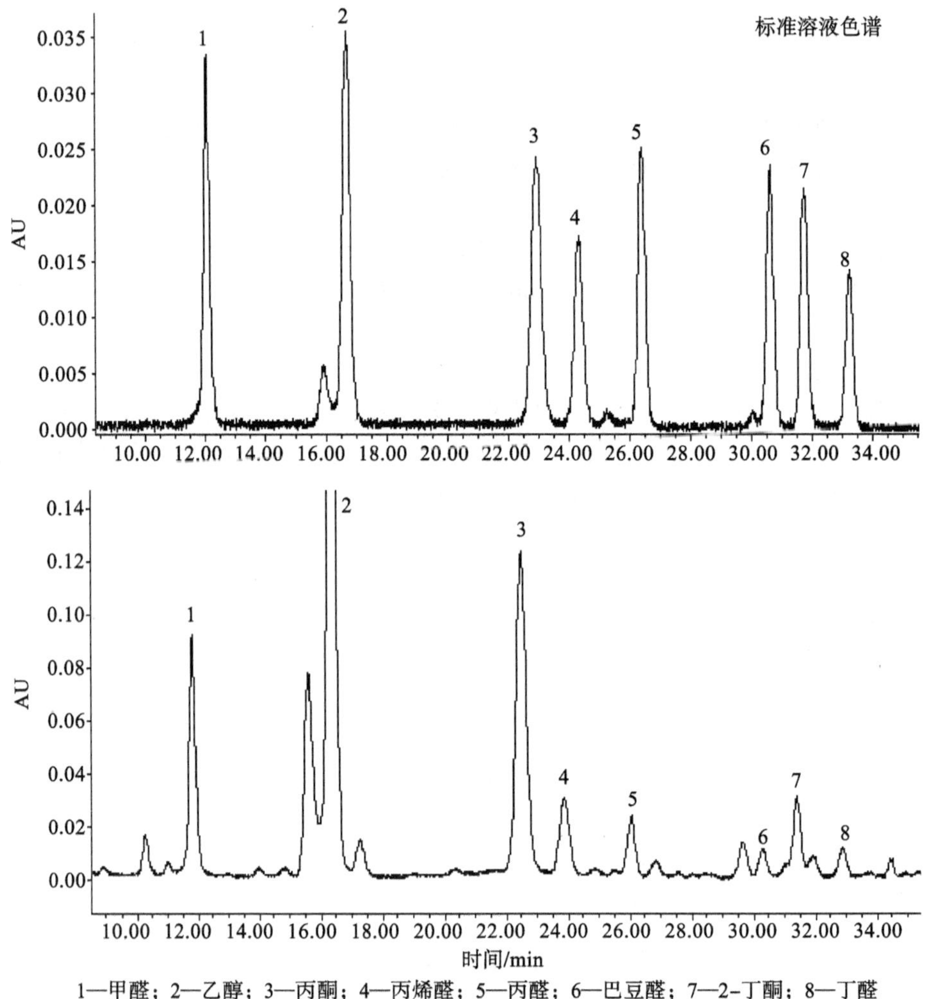

图 3-10　标准样品和实际样品中巴豆醛的分离效果图

率。本实验所得回收率为 97.99%，结果满意。

3.1.6　主流烟气中特有亚硝胺的测定

3.1.6.1　试剂、材料和仪器设备

二氯甲烷，色谱纯(或分析纯经重蒸后使用)；甲醇，色谱纯(或分析纯经重蒸后使用)；无水硫酸钠；碱性氧化铝，(200～300 目)；N-戊基-(3-甲基吡啶基)亚硝胺、NNK，纯度应大于 97%；分析天平(精确至 0.1 mg)；气相色谱-热能分析联用仪；超声波发生器；氮吹仪；色谱柱，弹性毛细管柱 30 m×0.53 mm×1 μm，固定液 HP-

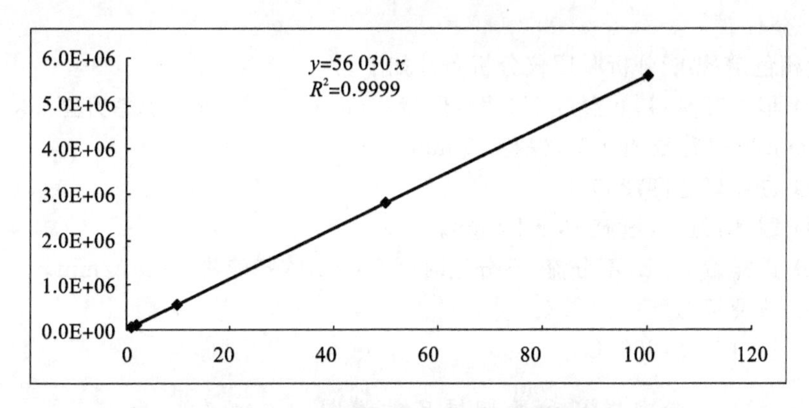

图 3-11 巴豆醛测试方法的分析性能

50＋；保护柱，弹性石英毛细管柱 1 m×0.53 mm(应经脱活处理)；玻璃层析柱，具塞，内径为 20 mm，长度为 300 mm。

3.1.6.2 分析步骤

1. 卷烟的抽吸

按照 GB/T 19609—2004 的规定收集 20 支卷烟的粒相物。

2. 样品萃取

将捕集有主流烟气粒相物的滤片放入 250 mL 锥形瓶中，将锥形瓶置于超声波发生器内，用二氯甲烷分 3 次超声波萃取，每次 10 min，第 1 次使用 100 mL 二氯甲烷，其余 2 次使用 80 mL 二氯甲烷。将所有萃取液经无水硫酸钠过滤，转移至 250 mL 的氮吹仪瓶中。

3. 萃取液浓缩

对盛有萃取液的氮吹仪瓶通高纯氮气旋转蒸发(40 ℃水浴)，将萃取液浓缩至 5 mL。

4. 样品净化

层析柱的准备如下。

碱性氧化铝在 110 ℃下活化 2 h。玻璃层析柱应保持洁净干燥，先加入 30 mL 二氯甲烷，再用湿法将 15 g 碱性氧化铝加到层析柱中，充分搅拌并赶走所有气泡。用 50 mL 二氯甲烷淋洗层析柱层析。

将浓缩后样品一次性加入层析柱中，并用二氯甲烷分 3 次洗涤烧瓶壁，每次 5 mL。用 30 mL 二氯甲烷淋洗层析柱，流速应控制为约 2 mL/min，不收集洗脱液。用 100 mL 8%甲醇/二氯甲烷(v/v)溶液淋洗层析柱，收集此部分洗脱液。

5. 洗脱液浓缩

在洗脱液中加入 1 mL 二级内标溶液后，通高纯氮气，将洗脱液浓缩至约 1 mL 后，移至 2 mL 色谱分析瓶中。

6. 分析

气相色谱-热能分析联用仪分析条件如下。

(1) 程序升温:初始温度 150 ℃,保持 2 min;以 3 ℃/min 速率升至 230 ℃,以 20 ℃/min 速率升至 260 ℃,保持 20 min。

(2) 进样口温度:230 ℃。

(3) 载气:氦气,恒流 10 mL/min。

(4) 进样量 2 μL,不分流,不分流时间 1 min,吹扫流量 50 mL/min。

(5) 热裂解温度:550 ℃。

(6) 接口温度:250 ℃。

3.1.6.3 标准样品和卷烟样品的谱图

在选定的实验条件下获得的标样及样品色谱图见图 3-12。图 3-12 表明,烟草特有 *N*-亚硝胺与内标的色谱峰均分离良好,且峰形好,可以进行定量分析。

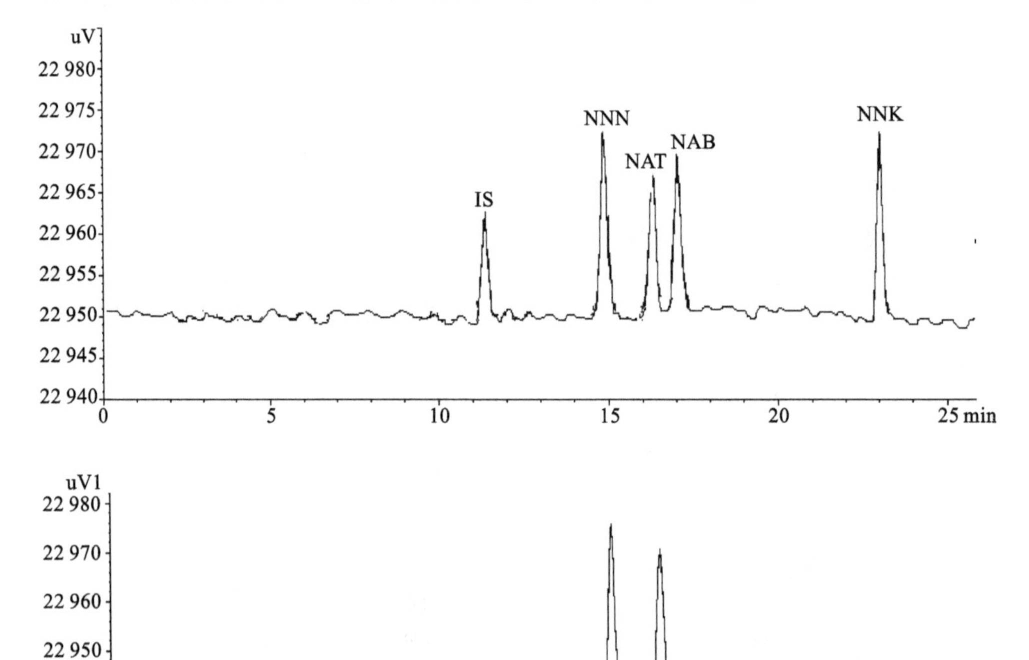

图 3-12 标准样品和实际样品中 TSNAs 的分离效果图

3.1.6.4　方法的分析性能

1. 方法的线性方程及线性相关系数

TSNAs 测试方法的分析性能如图 3-13 所示。

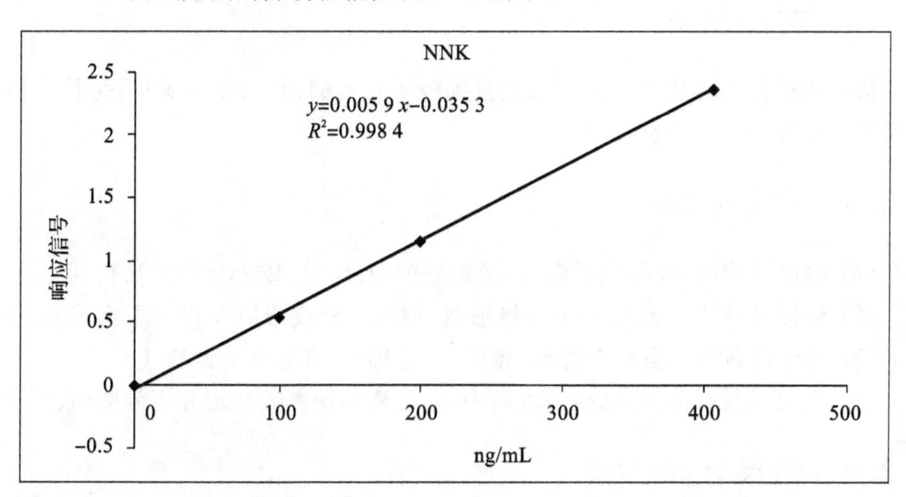

图 3-13　TSNAs 测试方法的分析性能

2. 方法的检出限、定量限和回收率

连续测定最低浓度的标准溶液 8 次，根据检出限的计算公式，求得本方法的检出限为 0.98 ng/cig，定量限为 3.27 ng/cig。

先测得某个规格卷烟样品巴豆醛的含量，以含量的 50%添加水平测定回收率。本实验所得回收率为 96.3%，结果满意。

3.1.7　主流烟气中 CO 的测定

分析烟气中 CO 采用的是非散射红外分析法，由 RM20A 或 RM200 转盘式吸烟机捕集并进行测定；具体操作略。

3.2　卷烟烟气 pH 值分析方法

按照国标标准方法抽线卷烟，获取卷烟滤片后，用预先除去二氧化碳的去离子水振荡提取滤片总粒相物，用矫正后的酸度计测定其 pH 值。

3.2.1　仪器及材料

仪器：瑞士万通电位滴定仪，配复合水相电极；HY-8 型振荡器。材料：用标准缓冲溶液，套装，含 pH4.00、pH6.86、pH9.18 三种。电极存储液：3M 氯化钾水溶液；蒸馏水或同等纯度水，实验前应对其进行煮沸处理，冷却至室温；瓶口分配器，量程 10～60 mL；具塞锥形瓶，容量 50 mL。

3.2.2 样品制备

按照国标标准方法用直线型抽烟机抽吸 4 支卷烟，获取卷烟滤片，每种卷烟抽吸两个滤片为一组平行样。

3.2.3 样品分析

(1) 酸度计校准：样品测试前，将预热好的酸度计电极进行两点法校准。

(2) 将抽吸后滤片放入 50 mL 锥形瓶，用瓶口分液器加入 20 mL 蒸馏水。

(3) 将锥形瓶放入自动振荡器，振荡 30 分钟后，在避光处静置 1 h。

(4) 将锥形瓶取出，将电极插入瓶中，轻轻摇动使读数稳定并记录数值。

3.2.4 结果计算

取两次测定结果平均值为测定结果，结果准确至小数点后 2 位。两次测定结果之差应小于 0.1，否则重新抽烟测定。

3.3 卷烟燃烧温度分析方法

1957 年以来科研人员开始尝试卷烟燃烧温度的研究，该方向成为卷烟科研中一个比较活跃的研究热点。1975 年，红外传导纤维光学探针首次被用于测量卷烟燃烧时的固相温度；此后红外热成像技术逐渐成为测试卷烟燃烧温度的重要手段，可通过红外热像测温平台分析卷烟纸参数对卷烟燃烧最高温度和温度区间分布的影响。

3.3.1 实验方法

将挑选重量和吸阻的烟支放置在调节环境(22±2 ℃，60±5%H)下平衡 48 h 后进行燃烧温度测试，测试前在烟支卷烟纸上做标记，作为起始及终止测试标记，如图 3-14 所示。

测量时，将烟支置于专用捕集器上，按相关标准采用 SM410 型直线型吸烟机进行卷烟抽吸。用 FLIR-SC660 型红外热成像仪对卷烟的燃烧锥进行测温拍摄，窗口尺寸为 3.2 cm×2.4 cm，像素大小为 640×240，最小分辨尺寸 150 μm×

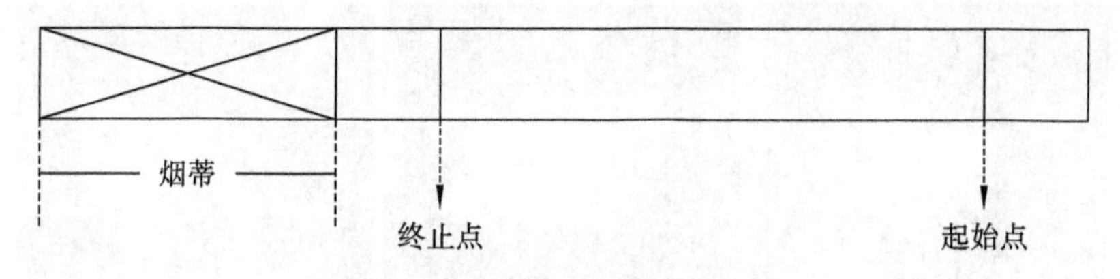

图 3-14 卷烟燃烧起止线标记

150 μm,焦距设置为 7.5 cm,帧频设置为 30 Hz。红外热像仪置于电动位移平台上,平台移动与烟支保持平行;平台移动速度与卷烟燃烧速度相匹配,从而使烟支燃烧锥在抽吸过程中始终位于热像仪视窗中;采集每一帧画面出现的最高温作为燃烧温度参考温,并连续记录,通过 FLIR-R&D 软件输出最高温-时间曲线图和全系列温度数据。通过数据分析软件对所有采集数据分析处理,得到代表卷烟抽吸温度的单帧最高抽吸温度结果和全系列 17 个温度段(200 ℃到最高温度)温度个数占比统计结果。采用 5 组指标作为评价卷烟燃烧温度的指标,其中最高温指燃烧锥固相温度的最高值;抽吸最高温平均温度指全部抽吸段的最高温度平均值;抽吸平均温度指全部抽吸段的温度平均值;阴燃平均温度指卷烟阴燃段的温度平均值;峰值平均值指全部抽吸峰值的平均温度值。同一样本进行 10 支卷烟的平行测定。

3.3.2 测温方法

将挑选重量和吸阻的烟支放置在调节环境(22±2 ℃,60±5%H)下平衡 48 h 后进行燃烧温度测试,测试前在烟支卷烟纸上做标记,作为起始及终止测试标记,如图 3-15 所示。

根据行业标准方法(抽吸 2 s/min,间隔 58 s/min),通过红外热像测温平台分析卷烟燃烧全过程中温度的变化,图 3-15 是卷烟抽吸前后的温度变化图。可以看出,同比卷烟抽吸前后,抽吸过程中的卷烟燃烧锥温度红外图(图 b)中颜色发亮的面积最大,其原因是抽吸过程时大量空气进入烟体中,燃烧锥内部发生剧烈的化学放热反应,所以燃烧温度急速上升。

图 3-16 是单支卷烟燃烧最高温度随时间变化的纪录图。从结果可以看出,在卷烟抽吸的 2 s 中,燃烧锥的最高温从 750 ℃左右急速上升到 1100 ℃以上,温度曲线形成一尖峰;卷烟阴燃的 58 s 内最高温维持在 750 ℃左右,曲线形状相对平缓;卷烟每口抽吸的最高温度值略有差异,该现象可能是烟丝在烟体前后的分布有差异导致。

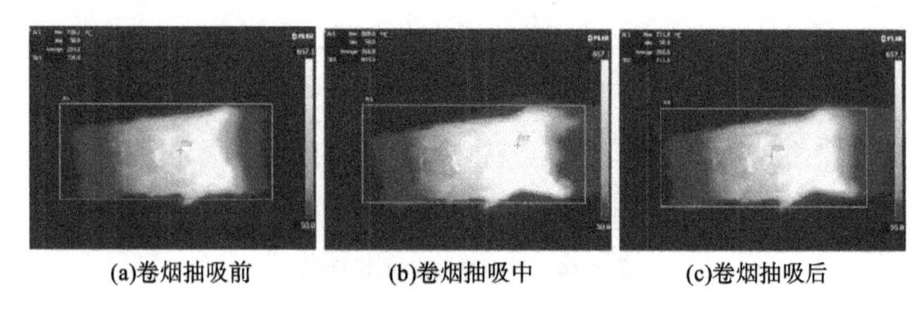
(a)卷烟抽吸前　(b)卷烟抽吸中　(c)卷烟抽吸后

图 3-15　卷烟燃烧红外热像图

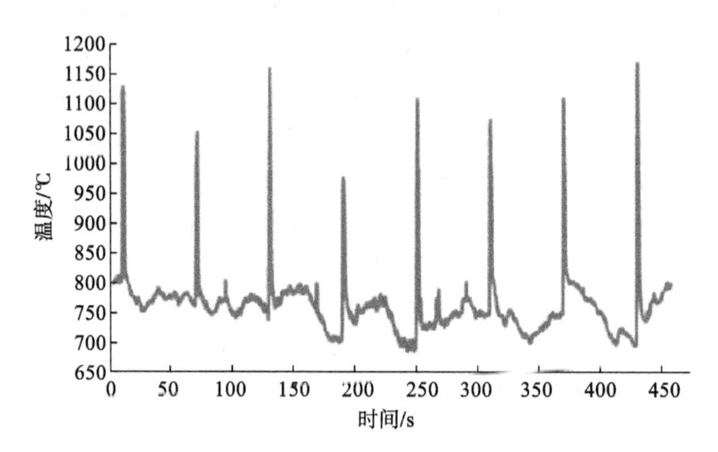

图 3-16　卷烟燃烧最高温与抽吸时间记录图

3.4　卷烟包灰分析方法

卷烟包灰性能好，烟柱美观；卷烟包灰性能差，抽吸时烟片不能很好地包裹在烟丝上，烟灰掉落严重，会污染环境。因此建立包灰定量测试方法，准确地描述卷烟包灰性能，尤为重要。

3.4.1　烟灰柱的制作

静态灰柱：点燃卷烟后，将卷烟插入自制包灰测试箱(见图 3-17)的烟支座上，使卷烟纸的搭口背对照相机方向，锁上箱门：让其自燃至卷烟长度的 2/3 以上，形成竖直烟灰柱，若烟灰柱弯曲，在图像选取时超出选取区域宽度，应重新制作烟灰柱。

动态灰柱：点燃卷烟后，将卷烟插入测试箱的烟支座下，使卷烟纸的搭口背对照相机方向，锁上箱门：利用测试箱烟支座下部连接的针筒，模拟正常抽烟状态，按每 60 s 抽吸 1 口，每口持续 2 s，每口抽吸体积 35 mL 的条件，使卷烟燃至 2/3 以上，形成竖直烟灰柱，若烟灰柱弯曲，在图像选取时超出选取区域宽度，应重新制作烟灰柱。

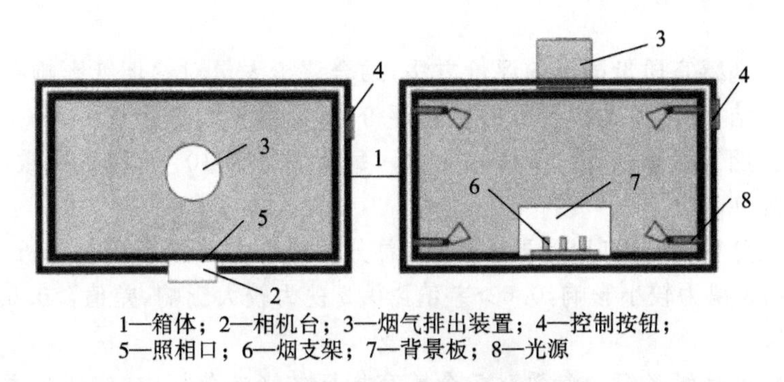

1—箱体；2—相机台；3—烟气排出装置；4—控制按钮；
5—照相口；6—烟支架；7—背景板；8—光源

图 3-17　包灰测试箱示意图

3.4.2　图像拍摄

开启测试箱照明光，调整相机拍摄参数，使相机对焦，待图像稳定清晰后，拍下照片用于包灰性能计算。相机拍摄参数设置为：关闭闪光灯，照明条件选择白炽灯，成像方式为手动成像，固定镜头变焦 4.6 倍，影像尺寸为 9 M，其余按相机默认方式。

3.4.3　包灰值计算

在固定的成像条件下，用数码相机拍摄测试箱内卷烟静态或动态燃烧后的烟灰柱照片，如图 3-18 所示。用图像分析软件 ImageJ 检测并计算选定区域内烟灰的裂口像素与所选区域总像素的比值，即为包灰值，测得的卷烟包灰值越小，说明卷烟包灰性能越好。每组样品重复测试 10 次，取平均值。

图 3-18　烟灰柱照片

3.5　卷烟感官质量评价方法

基于卷烟感官质量国标的评价方法，结合评析人员对卷烟纸影响感官质量的多年经验总结，制定了本次卷烟的感官评价方法，共涉及7个指标，分别为：香气、杂气、协调、烟气状态、刺激、干燥和余味。每项满分为10分，权重一致，评价时的最低分值为0.5分。

在对比分析中，分别以评委人数比、总分比两种方式进行比对分析。其中，总分差值＜0.3视为较小影响，0.6＞差值≥0.3视为较大影响，差值≥0.6视为显著影响。

在考察卷烟纸各组分参数对7个感官指标的影响分析中，先通过主成分分析方法确定各个指标在感官评价中的相对重要性（权重分析），对相应的分数进行重新计算；然后通过差值分析，根据上述判断规则判断各卷烟纸参数对感官指标的影响程度。

主成分分析也称主分量分析，旨在利用降维的思想，把多指标转化为少数几个综合指标（即主成分），其中每个主成分都能够反映原始变量的大部分信息，且所含信息互不重复。这种方法在引进多方面变量的同时，将复杂因素归结为几个主成分，使问题简单化，同时得到的结果是更加科学有效的数据信息，其分析步骤如下：

（1）对原始数据进行标准化。

（2）计算相关系数矩阵。

（3）计算特征值与特征向量。

（4）计算主成分载荷。

（5）计算各主成分的得分。

（6）对各指标在各主成分线性组合中的系数的加权平均的归一化。

在实验结果分析中，以卷烟纸含麻量为例，对主成分权重分析方法步骤进行了相应的描述。在后续参数的分析中，均采用主成分权重分析方法的数据进行结果分析。

第4章　卷烟纸热裂解产物差异

由于卷烟纸定量小，在选定生产原料时，要重点考虑：(1)保证成纸强度；(2)透气性；(3)不透明度要高。可用于卷烟纸生产的纤维原料有漂白麻浆、木浆、草浆，麻浆种类有亚麻、奎麻、苎麻、黄麻、红麻等，麻浆原料主要来自纺织用原料相同的长麻麻类纤维加工剩余物(如亚麻二粗)、全杆红麻、废旧麻制品等。木浆为硫酸盐漂白针叶木浆、阔叶木浆、漂白龙须草浆、麦草浆等。

目前，生产厂家大多采用针叶木浆、阔叶木浆、麻浆配抄卷烟纸，麻浆比例60%到80%不等，或针叶木浆、阔叶木浆配抄全木浆卷烟纸。有研究者对针叶木浆、阔叶木浆、麻浆的裂解产物进行了研究，在不同温度下，3种纤维原料的主要热裂解产物为醛酮类化合物；在600 ℃、900 ℃下热裂解时，3种纤维原料均产生大量呋喃类、酮类物质(这些物质对卷烟的吸味有贡献)，但不同纤维原料的热裂解产物种类有一定差异，如针叶木浆的热裂解产物中可检测到小分子有机酸、麻浆的热裂解产物种类最少。不同纤维热裂解的稠环芳烃以萘为主，对卷烟品质有负面影响，麻浆产生稠环芳烃的种类数量少于针叶木浆和阔叶木浆。另外针叶木浆的热裂解产物有小分子有机酸，而阔叶木浆和麻浆热裂解均未产生小分子有机酸，小分子有机酸在卷烟抽吸过程中，影响卷烟抽吸的舒适性，会产生刺激。因此，研究分析卷烟纸浆原料的热裂解产物，优选合适的卷烟纸，可以提高卷烟质量。

4.1　卷烟纸木浆的热裂解结果

4.1.1　巴西鹦鹉阔叶木浆(HF-A)

HF-A在300 ℃条件下热裂解的产物种类和数量相对较少，只有少部分的酸、醛、酮和醇类；随着温度的升高，在500 ℃条件下，HF-A的热裂解产物种类有所增加，出现了巴豆醛、呋喃类、酯类、苯酚类及茚类物质，数量由10种增加至28种，在温度升高至 700 ℃时，热裂解产物的种类与 500 ℃相比增加了烃类、苯类、稠环芳烃类及吡喃葡糖，数量达 59 种物质（见表 4-1）。

表 4-1　HF-A 热裂解结果

化　合　物	300 ℃	500 ℃	700 ℃
巴豆醛/种	0	1	1
酸类/种	1	1	3
醛类/种	4	7	12
酮类/种	4	10	12
醇类/种	1	1	1
呋喃类/种	0	1	4
酯类/种	0	1	0
烃类/种	0	0	1
苯酚类/种	0	5	7
苯类/种	0	0	1
稠环芳烃类/种	0	0	12
茚类/种	0	1	4
吡喃葡萄糖/种	0	0	1
总计/种	10	28	59

4.1.2　泰国 AA 阔叶浆(HF-B)

HF-B 在 300 ℃条件下的热裂解产物种类和数量较少，只有 4 种醛类物质，随着温度的升高，在 500 ℃条件下，HF-B 裂解出 7 大类物质，数量为 23 种，在温度升高至 700 ℃时，热裂解产物的种类与 500 ℃条件下基本相似，增加了酸酐类、酯类、氮杂环类及稠环芳烃类物质，种类数为 55 种（见表 4-2）。

表 4-2　HF-B 热裂解结果

化　合　物	300 ℃	500 ℃	700 ℃
巴豆醛/种	0	1	1
酸酐类/种	0	0	1
醛类/种	4	7	11
酮类/种	0	10	16
醇类/种	0	1	1

续表

化 合 物	300 ℃	500 ℃	700 ℃
呋喃类/种	0	2	4
酯类/种	0	0	1
氮杂环类/种	0	0	1
苯酚类/种	0	1	4
稠环芳烃类/种	0	0	4
茚类/种	0	1	11
总计/种	4	23	55

4.1.3 加拿大北木针叶木浆(HF-C)

HF-C 在 300 ℃条件下的热裂解产物以醛类为主;随着温度的升高,在 500 ℃条件下,HF-C 的裂解产物为 9 大类物质,数量为 28 种,以醛类、酮类为主;在温度升高至 700 ℃时,热裂解产物与 500 ℃相比,出现了酸类、氮杂环类、茚类和吡喃葡糖,但裂解产物中未出现稠环芳烃类物质,种类数为 42 种(见表 4-3)。

表 4-3 HF-C 热裂解结果

化 合 物	300 ℃	500 ℃	700 ℃
巴豆醛/种	0	1	1
酸类/种	0	0	2
酸酐类/种	0	1	1
醛类/种	6	7	8
酮类/种	0	9	12
醇类/种	1	1	1
呋喃类/种	0	4	6
酯类/种	0	1	2
氮杂环类/种	0	0	2
醚类/种	0	1	0
苯酚类/种	0	3	3
茚类/种	0	0	2
吡喃葡萄糖/种	0	0	2
总计/种	7	28	42

4.1.4 加拿大金虹鱼针叶木浆(HF-D)

HF-D在300 ℃条件下的热裂解产物以醛类为主，共出现6种裂解产物；随着温度的升高，在500 ℃条件下，HF-D的热裂解产物为9大类22种，以醛类、酮类及呋喃类为主；在温度升高至700 ℃时，出现了酯类、氮杂环类、苯类、稠环芳烃类、茚类及吡喃葡糖等物质，含15大类52种物质(见表4-4)。

表4-4 HF-D热裂解结果

化　合　物	300 ℃	500 ℃	700 ℃
巴豆醛/种	0	1	1
酸类/种	0	1	5
酸酐类/种	0	1	1
醛类/种	5	6	10
酮类/种	0	4	12
醇类/种	1	1	1
呋喃类/种	0	5	6
酯类/种	0	0	1
氮杂环类/种	0	0	1
醚类/种	0	1	1
苯酚类/种	0	2	5
苯类/种	0	0	1
稠环芳烃类/种	0	0	1
茚类/种	0	0	4
吡喃葡萄糖/种	0	0	2
总计/种	6	22	52

4.1.5 芬兰JO针叶木浆(HF-E)

HF-E在300 ℃条件下的热裂解产物为4种醛类物质；随着温度的升高，在500 ℃条件下，HF-E的热裂解产物增幅较为明显，为9大类36种，其中，酮类物质数量最多，为14种，其次是醛类物质种类数量；在温度升高至700 ℃时，热裂解产物种类与数量都有所增加，出现了酸类、氮杂环类、烃类、稠环芳烃类及茚类等物质，共52种物质(见表4-5)。

表 4-5　HF-E 热裂解结果

化　合　物	300 ℃	500 ℃	700 ℃
巴豆醛/种	0	1	1
酸类/种	0	0	1
酸酐类/种	0	1	1
醛类/种	4	8	11
酮类/种	0	14	18
醇类/种	0	1	1
呋喃类/种	0	5	5
酯类/种	0	1	1
氮杂环类/种	0	0	1
醚类/种	0	1	0
烃类/种	0	0	1
苯酚类/种	0	4	6
稠环芳烃类/种	0	0	1
茚类/种	0	0	4
总计/种	4	36	52

4.1.6　芬兰 KML 针叶木浆(HF-F)

HF-F 在 300 ℃条件下的热裂解产物为 5 种醛类物质和 1 种醇类物质；在 500 ℃条件下，HF-F 的热裂解产物的种类及数量均有所增加，共 9 大类 28 种，热裂解产物以醛类、酮类及呋喃类为主；在温度升高至 700 ℃时，热裂解产物与在500 ℃条件下相比，出现了酸类、氮杂环类、稠环芳烃类、茚类及吡喃葡萄糖等物质，醛类、酮类、苯酚类物质增加明显，共 14 大类 51 种物质(见表 4-6)。

表 4-6　HF-F 热裂解结果

化　合　物	300 ℃	500 ℃	700 ℃
巴豆醛/种	0	1	1
酸类/种	0	0	2
酸酐类/种	0	1	1
醛类/种	5	7	10
酮类/种	0	8	15

续表

化　合　物	300 ℃	500 ℃	700 ℃
醇类/种	1	1	1
呋喃类/种	0	5	5
酯类/种	0	1	2
氮杂环类/种	0	0	1
醚类/种	0	1	1
苯酚类/种	0	3	6
稠环芳烃类/种	0	0	1
茚类/种	0	0	4
吡喃葡萄糖/种	0	0	1
总计/种	6	28	51

4.1.7　国产亚麻浆(HF-G)

HF-G 在 300 ℃条件下的热裂解产物为 5 种醛类物质和 1 种醇类物质；随着温度升高至 500 ℃，HF-G 的热裂解产物的种类及数量增幅明显，共 11 大类 37 种，以醛类、酮类及呋喃类为主；在 700 ℃条件下与在 500 ℃条件下相比，热裂解产物的种类基本一致，新增了苯类及稠环芳烃类物质，共 13 大类 61 种物质(见表 4-7)。

表 4-7　HF-G 热裂解结果

化　合　物	300 ℃	500 ℃	700 ℃
巴豆醛/种	0	1	1
酸酐类/种	0	1	1
醛类/种	5	10	9
酮类/种	0	11	15
醇类/种	1	1	1
呋喃类/种	0	7	4
酯类/种	0	1	3
氮杂环类/种	0	1	2
烃类/种	0	1	3
苯酚类/种	0	2	3
苯类/种	0	0	1

续表

化　合　物	300 ℃	500 ℃	700 ℃
稠环芳烃类/种	0	0	9
茚类/种	0	1	9
总计/种	6	37	61

4.1.8　进口亚麻浆(HF-H)

HF-H 在 300 ℃条件下的热裂解产物为 3 种醛类物质和 1 种醇类物质；随着温度升高至 500 ℃，HF-H 的热裂解产物由 2 大类增加至 8 大类，共 27 种物质，以醛类为主；在温度升高至 700 ℃时，热裂解产物增加至 13 大类，出现了酸类、酸酐、氮杂环类、稠环芳烃类和茚类物质，酮类物质数量增加最为明显，共计 60 种裂解产物(见表 4-8)。

表 4-8　HF-H 热裂解结果

化　合　物	300 ℃	500 ℃	700 ℃
巴豆醛/种	0	1	1
酸类/种	0	0	4
酸酐类/种	0	0	1
醛类/种	3	11	12
酮类/种	0	5	15
醇类/种	1	1	1
呋喃类/种	0	2	5
酯类/种	0	1	3
氮杂环类/种	0	0	2
烃类/种	0	5	7
苯酚类/种	0	1	3
稠环芳烃类/种	0	0	1
茚类/种	0	0	5
总计/种	4	27	60

4.1.9　西班牙小草浆(HF-I)

HF-I 在 300 ℃条件下的热裂解产物为 4 种醛类物质、3 种酮类物质和 1 种醇类物质；随着温度升高至 500 ℃，热裂解产物的种类和数量都有所增加，共 9 大类 31 种物质，以醛类、酮类物质为主；在温度升高至 700 ℃时，热裂解产物增加至 14 大类，出现了氮杂环类、苯酚类、苯类、稠环芳烃类和茚类物质，共计 64 种裂解产物，与其他种类浆不同的是，西班牙小草浆在 700 ℃条件下热裂解产生的烃类物质较多(见表 4-9)。

表 4-9　HF-I 热裂解结果

化　合　物	300 ℃	500 ℃	700 ℃
巴豆醛/种	0	1	1
酸类/种	0	2	3
酸酐类/种	0	1	1
醛类/种	4	13	9
酮类/种	3	7	12
醇类/种	1	1	1
呋喃类/种	0	4	6
酯类/种	0	1	1
氮杂环类/种	0	0	2
烃类/种	0	1	10
苯酚类/种	0	0	1
苯类/种	0	0	2
稠环芳烃类/种	0	0	6
茚类/种	0	0	9
总计/种	8	31	64

4.1.10　乌拉圭桉木阔叶木浆(MF-A)

MF-A 在 300 ℃条件下的热裂解产物为 5 种醛类物质；随着温度升高至 500 ℃，热裂解产物的种类和数量都有所增加，共 10 大类 30 种物质，以醛类、酮类物质为主；温度升高至 700 ℃时，裂解产物的种类与在 500 ℃时有所差异，数量增加较明显的是苯酚类、稠环芳烃类及茚类物质，共计 10 大类 52 种裂解产物(见表 4-10)。

表 4-10　MF-A 热裂解结果

化　合　物	300 ℃	500 ℃	700 ℃
巴豆醛/种	0	1	0

续表

化　合　物	300 ℃	500 ℃	700 ℃
酸类/种	0	0	4
酸酐类/种	0	1	0
醛类/种	5	8	11
酮类/种	0	12	13
醇类/种	0	1	1
呋喃类/种	0	1	1
酯类/种	0	0	1
氮杂环类/种	0	1	0
烃类/种	0	1	0
苯酚类/种	0	3	8
苯类/种	0	0	1
稠环芳烃类/种	0	0	6
茚类/种	0	1	6
总计/种	5	30	52

4.1.11　瑞典斯道拉阔叶木浆(MF-B)

MF-B 在 300 ℃条件下的热裂解产物较为丰富，共产生 4 大类 12 种物质，以醛类、酮类为主；随着温度升高至 500 ℃，裂解产物的种类和数量持续增加，共 11 大类 39 种物质；在温度升高至 700 ℃时，出现了酸类、烃类、稠环芳烃类及吡喃葡萄糖等物质，数量增加较明显的是醛类、酮类、稠环芳烃类及茚类物质，共计 15 大类 74 种裂解产物(见表 4-11)。

表 4-11　MF-B 热裂解结果

化　合　物	300 ℃	500 ℃	700 ℃
巴豆醛/种	0	1	1
酸类/种	0	0	3
酸酐类/种	0	1	1
醛类/种	6	8	16
酮类/种	4	12	17
醇类/种	1	1	1

续表

化 合 物	300 ℃	500 ℃	700 ℃
呋喃类/种	1	6	6
酯类/种	0	2	2
氮杂环类/种	0	2	2
烃类/种	0	0	2
苯酚类/种	0	4	6
苯类/种	0	1	1
稠环芳烃类/种	0	0	6
茚类/种	0	1	9
吡喃葡萄糖/种	0	0	1
总计/种	12	39	74

4.1.12 巴西金鱼阔叶木浆(MF-C)

MF-C 在 300 ℃条件下的热裂解产物较为丰富，共产生 6 大类 14 种物质，以醛类、酮类为主；随着温度升高至 500 ℃，裂解产物共计 11 大类 34 种物质，数量增加较明显的是酮类、呋喃类物质；在温度升高至 700 ℃时，出现了酸类、烃类、稠环芳烃类及吡喃葡萄糖等物质，数量增加较明显的是醛类、酮类、稠环芳烃类，热裂解产物共计 14 大类 57 种(见表 4-12)。

表 4-12 MF-C 热裂解结果

化 合 物	300 ℃	500 ℃	700 ℃
巴豆醛/种	0	1	1
酸类/种	0	0	2
酸酐类/种	0	1	1
醛类/种	6	6	14
酮类/种	4	11	17
醇类/种	1	1	2
呋喃类/种	1	5	2
酯类/种	0	1	1
氮杂环类/种	1	2	1
烃类/种	0	0	1

续表

化　合　物	300 ℃	500 ℃	700 ℃
苯酚类/种	1	2	4
苯类/种	0	1	0
稠环芳烃类/种	0	0	6
茚类/种	0	3	4
吡喃葡萄糖/种	0	0	1
总计/种	14	34	57

4.1.13　赛丽莎麻浆(MF-D)

MF-D 在 300 ℃条件下的热裂解产物为 3 种醛类物质；随着温度升高至 500 ℃，热裂解产物的种类及数量均大幅增加，共计 12 大类 50 种物质，数量最多的是醛类物质，其次是酮类物质；在温度升高至 700 ℃时，热裂解产物种类与在 500 ℃时基本一致，出现了稠环芳烃类物质，热裂解产物数量持续增加，共计 13 大类 61 种(见表 4-13)。

表 4-13　MF-D 热裂解结果

化　合　物	300 ℃	500 ℃	700 ℃
巴豆醛/种	0	1	1
酸酐类/种	0	1	1
醛类/种	3	16	13
酮类/种	0	11	18
醇类/种	0	1	1
呋喃类/种	0	4	4
酯类/种	0	1	1
氮杂环类/种	0	1	1
烃类/种	0	7	9
苯酚类/种	0	5	5
苯类/种	0	1	1
稠环芳烃类/种	0	0	1
茚类/种	0	1	5
总计/种	3	50	61

4.1.14 芬兰 LPM 桦木阔叶浆(MF-E)

MF-E 在 300 ℃条件下的热裂解产物为 3 种醛类和 1 种醇类物质；随着温度升高至 500 ℃，热裂解产物的种类及数量均有所增加，共计 6 大类 25 种物质，以醛类、酮类物质为主；在温度升高至 700 ℃时，热裂解产物的种类及数量增加较明显，共计 14 大类 52 种，热裂解产物中仍以醛类、酮类化合物为主(见表 4-14)。

表 4-14 MF-E 热裂解结果

化合物	300 ℃	500 ℃	700 ℃
巴豆醛/种	0	1	1
酸类/种	0	0	2
醛类/种	3	11	12
酮类/种	0	9	15
醇类/种	1	1	1
呋喃类/种	0	1	4
酯类/种	0	0	1
氮杂环类/种	0	0	1
烃类/种	0	0	2
苯酚类/种	0	2	3
苯类/种	0	0	1
稠环芳烃类/种	0	0	3
茚类/种	0	0	5
吡喃葡萄糖/种	0	0	1
总计/种	4	25	52

4.1.15 瑞典森林阔叶木浆(MF-F)

MF-F 在 300 ℃条件下的热裂解产物为 3 种醛类物质；随着温度升高至 500 ℃，热裂解产物的种类及数量均增加明显，共计 8 大类 37 种物质，以醛类、酮类物质为主；在温度升高至 700 ℃时，热裂解产物的种类及数量持续增加，出现了酸类、酯类、稠环芳烃类及吡喃葡萄糖，共计 12 大类 63 种，仍以醛类、酮类物质为主(见表 4-15)。

表 4-15　MF-F 热裂解结果

化　合　物	300 ℃	500 ℃	700 ℃
巴豆醛/种	0	1	1
酸类/种	0	0	5
酸酐类/种	0	1	1
醛类/种	3	11	12
酮类/种	0	12	17
醇类/种	0	1	2
呋喃类/种	0	5	4
酯类/种	0	0	2
苯酚类/种	0	5	8
稠环芳烃类/种	0	0	3
茚类/种	0	1	7
吡喃葡萄糖/种	0	0	1
总计/种	3	37	63

4.1.16　瑞典森林针叶木浆(MF-G)

MF-G 在 300 ℃条件下的热裂解产物为 2 种醛类物质；随着温度升高至 500 ℃，热裂解产物的种类及数量均明显增加，共计 9 大类 36 种物质，以醛类、酮类物质为主；温度升高至 700 ℃时，热裂解产物的种类与在 500 ℃时基本一致，数量持续增加，增加较明显的是酮类物质、稠环芳烃类和茚类物质，共计 11 大类 61 种(见表 4-16)。

表 4-16　MF-G 热裂解结果

化　合　物	300 ℃	500 ℃	700 ℃
巴豆醛/种	0	1	1
酸类/种	0	1	0
酸酐类/种	0	1	1
醛类/种	2	10	11
酮类/种	0	13	20
醇类/种	0	1	1
呋喃类/种	0	2	4

续表

化　合　物	300 ℃	500 ℃	700 ℃
酯类/种	0	1	1
氮杂环类/种	0	0	2
苯酚类/种	0	6	7
稠环芳烃类/种	0	0	5
茚类/种	0	0	8
总计/种	2	36	61

4.1.17　巴西鹦鹉阔叶木浆(MF-H)

MF-H 在 300 ℃条件下的热裂解产物为 2 种醛类和 1 种醇类物质；随着温度升高至 500 ℃，热裂解产物的种类及数量均明显增加，共计 10 大类 35 种物质，以醛类、酮类物质为主；温度升高至 700 ℃时，热裂解产物的种类与数量有所增加，出现了烃类、苯类、稠环芳烃类、茚类及吡喃葡萄糖等物质，热裂解产物共计 14 大类 44 种(见表 4-17)。

表 4-17　MF-H 热裂解结果

化　合　物	300 ℃	500 ℃	700 ℃
巴豆醛/种	0	1	1
酸类/种	0	2	2
酸酐类/种	0	1	1
醛类/种	2	9	11
酮类/种	0	11	11
醇类/种	1	1	1
呋喃类/种	0	5	4
酯类/种	0	2	2
氮杂环类/种	0	1	0
烃类/种	0	0	1
苯酚类/种	0	2	5
苯类/种	0	0	1
稠环芳烃类/种	0	0	1
茚类/种	0	0	2

续表

化　合　物	300 ℃	500 ℃	700 ℃
吡喃葡萄糖/种	0	0	1
总计/种	3	35	44

4.2　不同温度下卷烟纸木浆的热裂解对比

4.2.1　不同阔叶木浆的热裂解结果比较

4.2.1.1　在 300 ℃条件下热裂解产物比较

由图 4-1 可以看出，在 300 ℃条件下阔叶木浆板热裂解的产物和种类较少，主要以醛类、酮类及醇类物质为主，8 种不同的阔叶木浆热裂解均产生了醛类物质，5 种木浆板产生了醇类物质，其中，MF-C 在 300 ℃条件下的热裂解产物最为丰富。

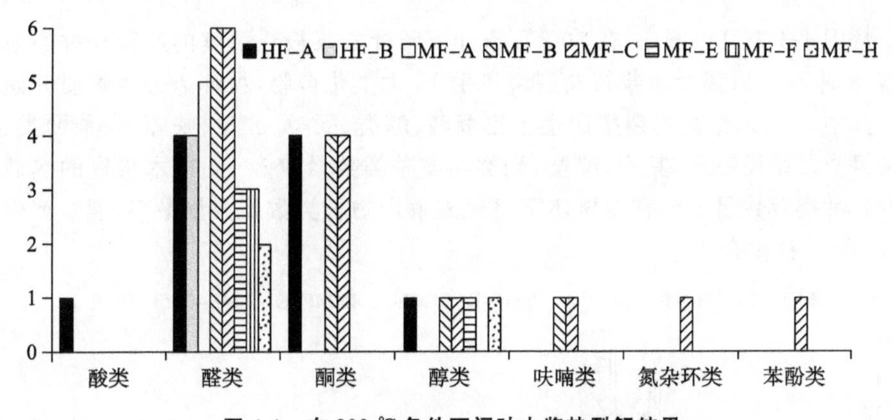

图 4-1　在 300 ℃条件下阔叶木浆热裂解结果

4.2.1.2　在 500 ℃条件下热裂解产物比较

从图 4-2 中可以看出，在 500 ℃条件下阔叶木浆板热裂解的产物和种类与在 300 ℃条件下相比均有所增加，8 种不同的阔叶木浆板共裂解产生 13 大类化合物。其中，8 种浆板均裂解产生了巴豆醛、醛类、酮类、醇类、呋喃类及苯酚类物质，其中，醛类、酮类物质种类数量较多。8 种浆板的热裂解产物在种类及数量上均有差异，MF-B、MF-C 两种浆板热烈解产物种类数量较多，MF-B 热裂解产物数量较多；MF-B、MF-C、MF-F、MF-H 四种浆板在 500 ℃条件下热裂解产生的呋喃类物质相对较多;HF-B 裂解产生的苯酚类物质最少;只有 MF-B、MF-C 2 种浆板热裂解产生苯类物质;MF-E、MF-H 未产生茚类物质。

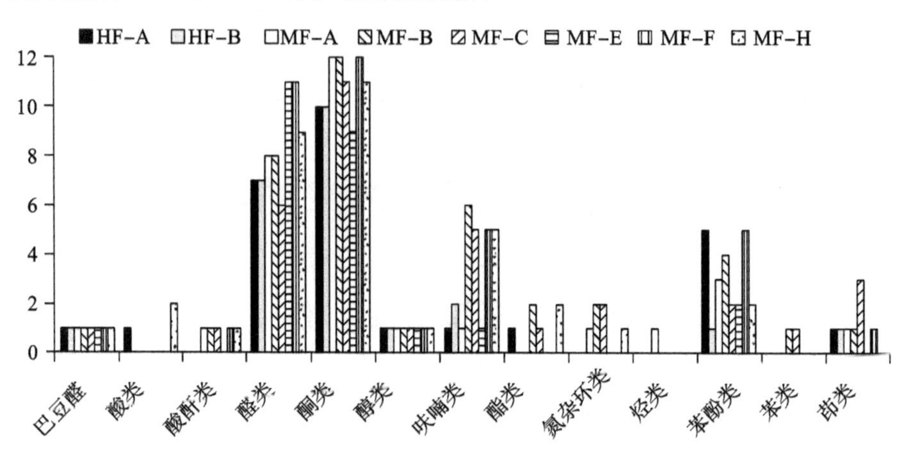

图 4-2 在 500 ℃条件下阔叶木浆热裂解结果

4.2.1.3 在 700 ℃条件下热裂解产物比较

从图 4-3 中可以看出,在 700 ℃条件下阔叶木浆板热裂解的产物和种类最为丰富,8 种不同的阔叶木浆板共裂解产生 15 大类化合物,稠环芳烃类物质开始出现。其中,8 种木浆板均裂解产生了巴豆醛、醛类、酮类、醇类、呋喃类、苯酚类、稠环芳烃类及茚类物质,其中,醛类、酮类物质种类数量较多。8 种木浆板的热裂解产物在种类及数量上均有差异,MF-B 热烈解产物种类数及数量最多,裂解产生了 15 大类 74 种化合物。

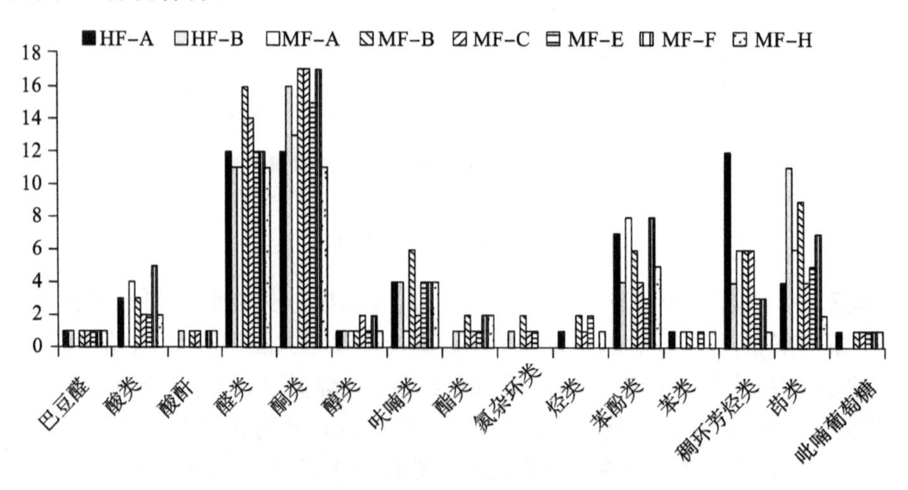

图 4-3 在 700 ℃条件下阔叶木浆热裂解结果

由上述数据可以看出，阔叶木浆板在 300 ℃、500 ℃、700 ℃条件下的热裂解产物均以醛类、酮类化合物为主，不同产地的浆板热裂解产物的种类和数量存在一定的差异。

4.2.2　不同针叶木浆板的热裂解结果比较

4.2.2.1　在 300 ℃条件下热裂解产物比较

从图 4-4 中可以看出，在 300 ℃条件下针叶木浆板热裂解产物的种类较少，主要为醛类及醇类化合物为主，5 种不同的针叶木浆板均裂解产生了醛类物质，与阔叶木浆板相比，针叶木浆在 300 ℃条件下的热裂解产物种类相对较少。

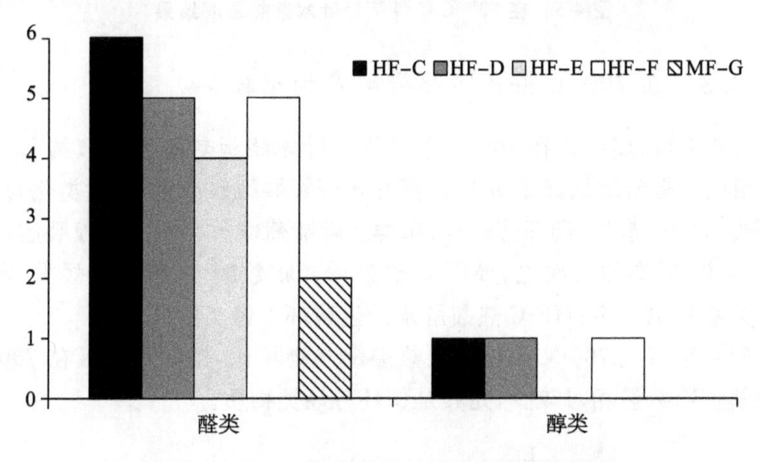

图 4-4　在 300 ℃条件下针叶木浆热裂解结果

4.2.2.2　在 500 ℃条件下热裂解产物比较

从图 4-5 中可以看出，在 500 ℃条件下针叶木浆板热裂解产物的种类与在 300 ℃下相比均有所增加，5 种不同的阔叶木浆板共裂解产生 10 大类化合物。其中，5 种浆板热裂解均产生了巴豆醛、酸酐类、醛类、酮类、醇类、呋喃类及苯酚类物质，4 种浆板热裂解产生酯类及醚类物质，其中，裂解产物均以醛类、酮类物质为主。5 种浆板的热裂解产物在数量上有所差异，HF-E、MF-G2 种浆板热烈解产物数最多；HF-D 热裂解产生的酮类物质最少；MF-G 热裂解产生的呋喃类物质最少，但苯酚类物质数量最多。

与阔叶木浆板在 500 ℃条件下的热裂解产物相比，针叶木浆板在 500 ℃条件下的热裂解产物种类相对较少，未出现氮杂环类、苯类及茚类物质，而阔叶木浆板 500 ℃条件下裂解时未产生醚类化合物。

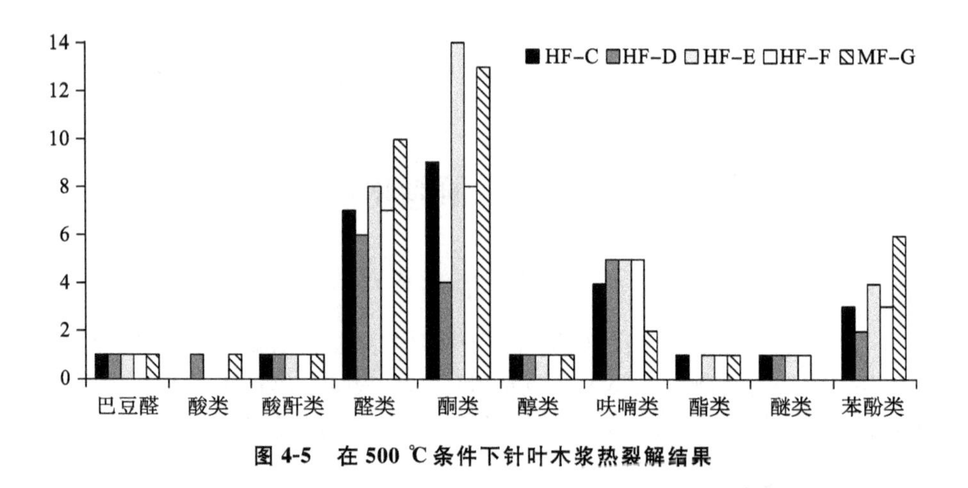

图 4-5 在 500 ℃条件下针叶木浆热裂解结果

4.2.2.3 在 700 ℃条件下热裂解产物比较

从图 4-6 中可以看出，在 700 ℃条件下针叶木浆板热裂解的产物和种类与在 500 ℃下相比均有所增加，5 种不同的阔叶木浆板共裂解产生 16 大类化合物，出现了氮杂环类、烃类、苯类、稠环芳烃类、茚类及吡喃葡糖类物质。浆板裂解产物以酮类化合物为主，醛类物质次之。MF-G 热烈解产物数较多，稠环芳烃类、苯酚类及茚类物质的数量也较多；HF-C 热裂解未产生稠环芳烃类物质。

与阔叶木浆板在 700 ℃条件下的热裂解产物相比，针叶木浆板在 700 ℃条件下的热裂解产物数量相对较少，尤其是稠环芳烃类物质。

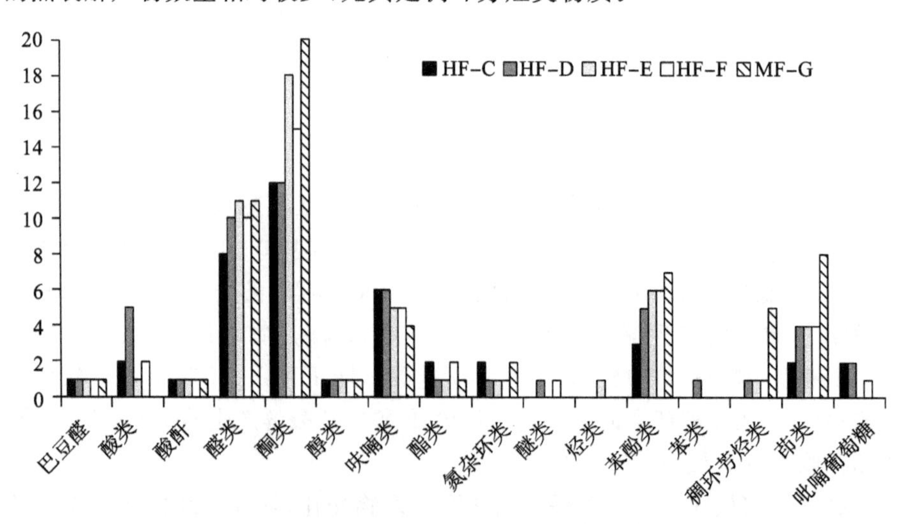

图 4-6 在 700 ℃条件下针叶木浆热裂解结果

由上述数据可以看出，针叶木浆板在 300 ℃、500 ℃、700 ℃条件下的热裂解产物均以醛类、酮类化合物为主，不同产地的浆板热裂解产物种类和数量存在一定差异。

4.2.3　不同麻浆的热裂解结果比较

4.2.3.1　在 300 ℃条件下热裂解产物比较

从图 4-7 中可以看出，麻浆在 300 ℃条件下热裂解的产物和种类较少，主要为醛类、酮类及醇类化合物。4 种浆板均裂解产生醛类物质。HF-I 为西班牙小草浆，其在 300 ℃条件下裂解产生了 3 大类化合物。

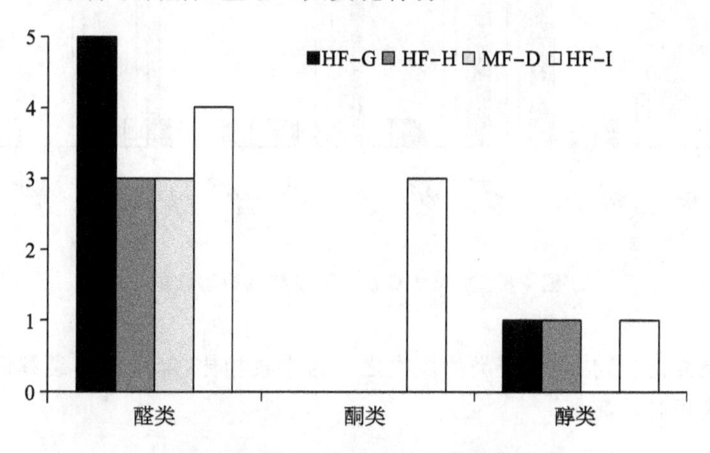

图 4-7　在 300 ℃条件下麻浆热裂解结果

4.2.3.2　在 500 ℃条件下热裂解产物比较

从图 4-8 中可以看出，麻浆在 500 ℃条件下热裂解的产物和种类与在 300 ℃条件下相比均有所增加，4 种不同的浆板共裂解产生 13 大类化合物，以醛类化合物为主，酮类化合物次之。HF-I 的热裂解产物种类与三类麻浆略有差异，其热裂解产物中出现了酸类，而未出现氮杂环类、苯酚类、苯类及茚类物质；三种麻浆热裂解产物各有差异，HF-H 未出现酸酐类、氮杂环类、苯类及茚类物质；HF-H 及 MF-D 热裂解产物中的烃类数量较多。

与木浆板在 500 ℃条件下相比，麻浆在 500 ℃条件下的热裂解产物中未出现酸类物质，而烃类物质含量相对较高。

4.2.3.3　在 700 ℃条件下热裂解产物比较

从图 4-9 中可以看出，麻浆在 700 ℃条件下热裂解的产物和种类与在 500 ℃条件下基本一致，共裂解产生 14 大类化合物，出现了稠环芳烃类物质。浆板热裂

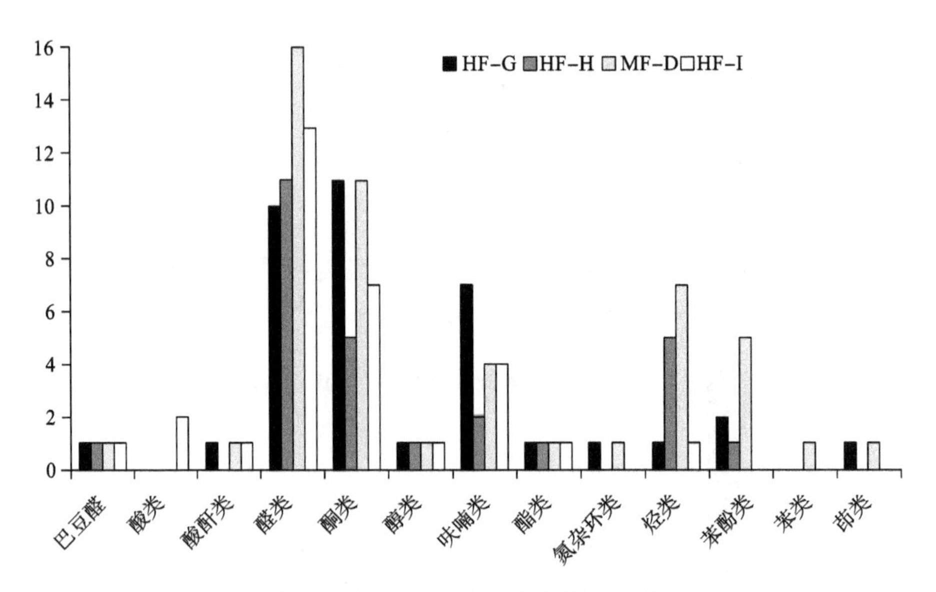

图 4-8　在 500 ℃条件下麻浆热裂解结果

解产物以酮类化合物为主，醛类物质次之。与木浆相比，麻浆的热裂解产物中的烃类物质含量相对较高。

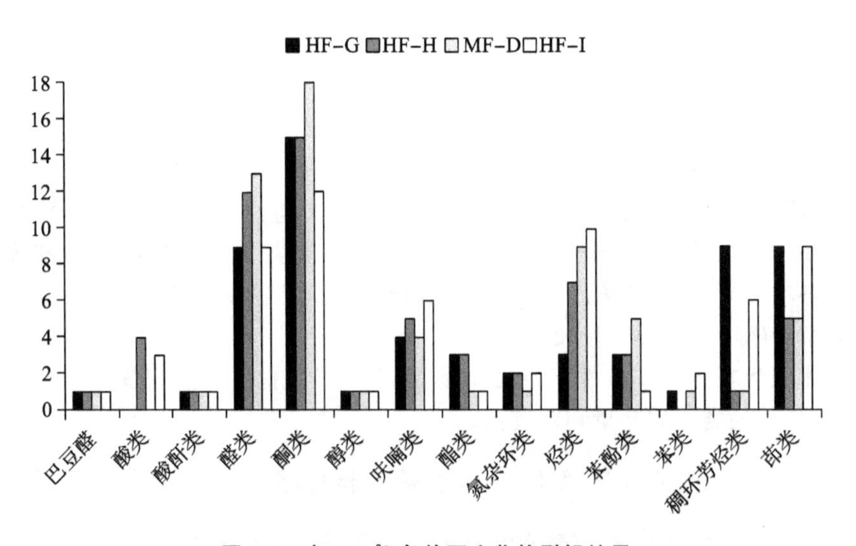

图 4-9　在 700 ℃条件下麻浆热裂解结果

4.3　不同参数设计卷烟纸的热裂解结果

4.3.1　不同参数设计的卷烟纸

将卷烟纸木浆(类型)、填料碳酸钙(类型、粒径、用量)、助燃剂(含量、类型)、助留剂(瓜尔胶用量)、罗纹形式(类型、深浅、压纹方式)等作为单因素变量,由浙江华丰纸业集团有限公司(以下简称“华丰纸业”)和民丰纸业制备不同特性卷烟纸。

4.3.1.1　不同麻浆量的卷烟纸

不同含麻量的卷烟纸的信息如表4-18所示。

表4-18　不同含麻量的卷烟纸的信息

样品编号	定量/(g/m^2)	透气度/CU	含麻量/(%)	助燃剂量(以柠檬酸根计)/(%)	钾钠比
HF2-1	29.8	61.0	0	1.42	1∶1
HF2-2	30.3	59.8	20	1.40	1∶1
HF2-3	29.89	56.7	40	1.43	1∶1
HF2-4	30.3	59.8	60	1.43	1∶1
MF2-1	29.8	60.0	0	1.78	1∶1.05
MF2-2	30.1	59.7	20	1.83	1∶0.97
MF2-3	29.6	60.1	40	1.81	1∶0.95
MF2-4	30.0	60.5	60	1.86	1∶1.02

注:HF指华丰纸业,MF指民丰纸业,下同。

4.3.1.2　不同碳酸钙形态和粒径的卷烟纸

不同碳酸钙形态和粒径参数的卷烟纸信息如表4-19所示。

表4-19　不同碳酸钙形态和粒径参数的卷烟纸的信息

样品编号	碳酸钙形态	粒径大小	浆料	助燃剂量(以柠檬酸根计)/(%)	钾钠比
HF3-1	固体	小	木浆	1.46	1∶1
HF3-2	液体A	小	木浆	1.39	1∶1
HF3-3	固体	大	木浆	1.46	1∶1

续表

样品编号	碳酸钙形态	粒径大小	浆料	助燃剂量（以柠檬酸根计）/(%)	钾钠比
HF3-4	固体	小	木浆	1.46	1∶1
HF3-5	液体 B	大	木浆	1.39	1∶1
HF3-6	液体 A	小	木浆	1.39	1∶1
MF3-1	固体	—	木浆	1.77	1∶1.08
MF3-2	液体	—	木浆	1.78	1∶1.08

4.3.1.3 不同罗纹类型和强度的卷烟纸

不同罗纹的参数的卷烟纸的信息如表 4-20 所示。

表 4-20 不同罗纹的参数的卷烟纸的信息

样品编号	定量/(g/m^2)	透气度/CU	浆料	助燃剂量（以柠檬酸根计）/(%)	罗纹	强度	正反
HF5-1	30.5	59.5	木浆	1.47	横	深	反
HF5-2	29.5	60.9	木浆	1.53	竖	深	反
HF5-3	30.4	59.5	木浆	1.52	无	—	—
HF5-4	30.5	58.0	木浆	1.58	无	—	—
HF5-5	30.1	58.7	木浆	1.46	横	浅	反
HF5-6	29.6	61.2	木浆	1.47	竖	浅	反
HF5-7	30.3	58.9	木浆	1.39	竖	深	正
HF5-8	30.1	60.8	木浆	1.55	横	深	正
HF5-9	30.2	58.3	木浆	1.48	横	浅	正
MF5-1	29.8	60.0	木浆	1.78	横	深	反
MF5-2	30.0	60.7	木浆	1.83	竖	深	反
MF5-3	29.6	60.8	木浆	1.84	无	—	反
MF5-4	30.0	63.2	木浆	1.81	无	—	反
MF5-5	30.3	61.2	木浆	1.79	横	浅	反
MF5-6	29.8	60.7	木浆	1.85	竖	浅	反

4.3.1.4 不同瓜尔胶添加量卷烟纸

不同助留剂（瓜尔胶）含量的卷烟纸的信息如表 4-21 所示。

表4-21 不同助留剂(瓜尔胶)添加量卷烟纸信息

样品编号	定量/(g/m^2)	透气度/CU	浆料	助燃剂量(以柠檬酸根计)/(%)	钾钠比	瓜尔胶量/(%)
HF6-1	30.4	59.6	木浆	1.47	1∶1	0.5
HF6-2	30.2	58.0	木浆	1.54	1∶1	0.8
MF6-1	29.8	60.0	木浆	1.78	1∶1.05	0.6
MF6-2	30.4	61.7	木浆	1.75	1∶1.03	0.8

4.3.1.5 不同助燃剂类型、助燃剂量以及钾钠比的卷烟纸

不同助燃剂参数的卷烟纸的信息见表4-22所示。

表4-22 不同助燃剂参数的卷烟纸的信息

样品编号	定量/(g/m^2)	透气度/CU	助燃剂类型	助燃剂量(以酸根离子计)/(%)	钾钠比
HF4-1	29.5	60.5	柠檬酸钾	1.41	全钾
HF4-2	30.2	59.9	苹果酸钾	1.38	全钾
HF4-3	30.5	57.8	乳酸钾	1.04	全钾
HF4-4	30.0	59.0	酒石酸钾	0.97	全钾
HF4-5	30.5	58.5	柠檬酸钾、钠	1.67	1∶0
HF4-6	30.3	60.0	柠檬酸钾、钠	1.82	4.9∶1
HF4-7	29.2	60.0	柠檬酸钾、钠	1.90	3.1∶1
HF4-8	30.5	60.3	柠檬酸钾、钠	1.93	1∶1
HF4-9	30.2	61.5	柠檬酸钾、钠	1.89	3∶7
HF4-10	30.3	61.1	柠檬酸钾、钠	0.67	1∶1
HF4-11	30.7	62.6	柠檬酸钾、钠	1.03	1∶1
HF4-12	30.0	59.7	柠檬酸钾、钠	1.39	1∶1
HF4-13	30.6	61.3	柠檬酸钾、钠	1.97	1∶1
HF4-14	30.1	60.5	柠檬酸钾、钠	2.10	1∶1
MF4-1	29.7	60.6	柠檬酸钾	1.43	全钾
MF 4-2	30.4	61.5	苹果酸钾	0	全钾
MF 4-3	29.8	59.3	乳酸钾	1.35	全钾

续表

样品编号	定量/(g/m²)	透气度/CU	助燃剂类型	助燃剂量(以酸根离子计)/(%)	钾钠比
MF 4-4	30.2	60.2	酒石酸钾	1.78	全钾
MF 4-5	30.0	61.3	柠檬酸钾、钠	1.86	1∶0.96
MF 4-6	30.1	60.2	柠檬酸钾、钠	1.81	5∶1.13
MF 4-7	29.5	60.9	柠檬酸钾、钠	1.84	3∶0.94
MF 4-8	29.7	59.3	柠檬酸钾、钠	1.88	1∶0.96
MF 4-9	30.3	59.7	柠檬酸钾、钠	1.79	3∶7.05
MF 4-10	30.2	60.3	柠檬酸钾、钠	0.65	全钾
MF 4-11	29.8	61.4	柠檬酸钾、钠	1.04	全钾
MF 4-12	29.7	60.6	柠檬酸钾、钠	1.43	全钾
MF 4-13	30.2	60.5	柠檬酸钾、钠	1.79	全钾
MF 4-14	29.6	61.0	柠檬酸钾、钠	2.24	全钾

4.3.1.6 不同孔隙率的卷烟纸

以表 4-23 中的样品为基础，在定量、透气度、助燃剂类型、助燃剂含量以及钾钠比都一致的情况下，通过抄造工艺调节，制备不同孔隙率卷烟纸样品。

表 4-23 不同工艺参数卷烟纸信息

样品编号	定量/(g/m²)	透气度/CU	助燃剂类型	助燃剂量(以酸根离子计)/(%)	钾钠比	碳酸钙
HF4-13	30.6	61.3	柠檬酸钾、钠	1.95	1∶1	液体
HF4-13(2)	30.3	59.0	柠檬酸钾、钠	1.97	1∶1	液体
HF4-13(3)	30.5	61.1	柠檬酸钾、钠	1.89	1∶1	液体
MF4-13	30.2	60.5	柠檬酸钾、钠	1.79	全钾	液体
MF4-13(2)	29.6	61.0	柠檬酸钾、钠	1.84	全钾	液体

4.3.1.7 不同碳酸钙含量的卷烟纸

不同碳酸钙含量的卷烟纸的信息如表 4-24 所示。

表 4-24　不同碳酸钙含量的卷烟纸的信息

样品编号	定量/(g/m²)	透气度/CU	碳酸钙含量/(%)	助燃剂量(以柠檬酸根计)/(%)	钾钠比
HF1-1	30.5	59.2	28	1.42	1∶1
HF1-2	30.1	60.0	32	1.42	1∶1
HF1-3	30.5	59.0	36	1.42	1∶1

4.3.2　卷烟纸含麻量对卷烟热裂解成分的影响

4.3.2.1　不同含麻量的卷烟纸的热裂解产物统计

不同含麻量的华丰卷烟纸在 300 ℃、500 ℃、700 ℃条件下的热裂解产物统计结果见表 4-25。从表中数据可以看出，不同含麻量的卷烟纸热裂解产物的种类基本一致，而各类化合物的数量有所差异。随着含麻量的增加，卷烟纸热裂解产物的数量也随之增加。

不同含麻量的民丰卷烟纸在 300 ℃、500 ℃、700 ℃条件下的热裂解产物统计结果见表 4-26。从表中数据可以看出，不同含麻量的卷烟纸热裂解产物的种类基本一致，而各类化合物的数量有所差异。在 300 ℃条件下，含麻量 20%和 60%的卷烟纸热裂解产物数量较多；在 500 ℃条件下，含麻量 40%的卷烟纸热裂解产物数量较多；在 700 ℃条件下，含麻量 20%的卷烟纸热裂解产物数量较多。

表 4-25　不同含麻量卷烟纸热裂解产物统计(华丰)

化合物	HF2-1			HF2-2			HF2-3			HF2-4		
	300 ℃	500 ℃	700 ℃	300 ℃	500 ℃	700 ℃	300 ℃	500 ℃	700 ℃	300 ℃	500 ℃	700 ℃
巴豆醛/种	0	1	1	0	1	1	0	1	1	0	1	1
酸类/种	0	4	3	0	2	2	0	4	4	0	5	7
酸酐类/种	0	1	1	0	1	0	0	1	1	0	1	1
醛类/种	6	15	14	9	14	17	5	16	20	5	18	18
酮类/种	0	15	19	1	19	22	0	19	24	0	21	22
醇类/种	0	0	0	0	1	1	0	1	1	0	1	2
呋喃类/种	0	2	4	0	2	4	0	3	4	0	3	5
酯类/种	0	3	3	1	3	3	0	3	3	0	3	4
氮杂环类/种	0	0	3	0	0	3	0	0	1	0	0	1

续表

化合物	HF2-1			HF2-2			HF2-3			HF2-4		
	300℃	500℃	700℃	300℃	500℃	700℃	300℃	500℃	700℃	300℃	500℃	700℃
烃类/种	0	1	1	0	0	2	0	0	3	0	1	4
苯酚类/种	0	7	8	0	7	10	0	8	11	0	5	9
苯类/种	0	0	5	0	0	6	0	0	5	0	0	5
稠环芳烃类/种	0	5	19	0	4	18	0	2	17	0	6	13
茚类/种	0	4	6	0	4	10	0	6	10	0	7	11
芪类/种	0	0	0	0	0	1	0	0	0	0	0	0
总计/种	6	58	87	11	58	100	5	64	105	5	72	103

表 4-26 不同含麻量卷烟纸热裂解产物统计(民丰)

化合物	MF2-1			MF2-2			MF2-3			MF2-4		
	300℃	500℃	700℃	300℃	500℃	700℃	300℃	500℃	700℃	300℃	500℃	700℃
巴豆醛/种	0	1	1	0	1	1	0	1	1	0	1	1
酸类/种	0	4	4	0	2	4	0	3	3	0	2	1
酸酐类/种	0	1	1	0	1	1	0	0	0	0	0	0
醛类/种	0	12	11	4	13	12	4	12	10	4	11	9
酮类/种	1	18	17	7	19	19	1	20	18	5	17	17
醇类/种	0	1	1	1	1	2	2	3	2	1	2	2
呋喃类/种	0	3	3	0	2	2	0	4	1	0	4	1
酯类/种	0	0	1	0	1	0	0	2	2	1	2	2
氮杂环类/种	0	0	2	0	0	2	0	0	1	0	0	1
烃类/种	0	0	3	1	0	5	0	0	2	0	0	3
苯酚类/种	0	7	11	1	7	12	0	7	7	2	8	8
苯类/种	0	0	5	0	0	5	0	0	1	0	0	1
稠环芳烃类/种	0	4	19	0	4	16	0	6	19	0	9	18
茚类/种	0	5	9	0	5	12	0	6	10	1	6	10
吡喃葡萄糖/种	0	0	0	0	0	0	0	1	1	0	1	1

续表

化合物	MF2-1			MF2-2			MF2-3			MF2-4		
	300 ℃	500 ℃	700 ℃	300 ℃	500 ℃	700 ℃	300 ℃	500 ℃	700 ℃	300 ℃	500 ℃	700 ℃
芪类/种	0	0	0	0	0	0	0	0	0	0	0	1
总计/种	1	56	88	14	56	93	7	65	78	14	63	76

4.3.2.2 在不同温度条件下卷烟纸热裂解产物比较

1. 在300 ℃条件下不同含麻量卷烟纸热裂解产物比较

在300 ℃条件下，不同含麻量卷烟纸的热裂解产物种类较少，含麻量为20%的卷烟纸裂解产生了醛类、酮类及酯类化合物，且裂解产物的数量相对较多，达11种；而纯木浆卷烟纸、含麻量40%及60%的卷烟纸只裂解产生了醛类物质（见图4-10）。

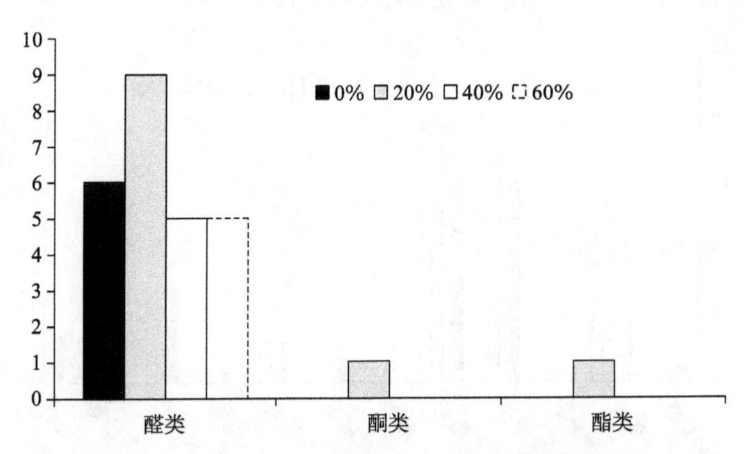

图4-10　在300 ℃条件下不同含麻量卷烟纸热裂解产物比较（华丰）

不同含麻量民丰卷烟纸在300 ℃条件下的热裂解产物见图4-11，纯木浆卷烟纸的热裂解产物较单一，只产生了1种酮类物质；而含麻量为60%的卷烟纸热裂解产物较丰富，产生了醛类、酮类、醇类、酯类、苯酚类及茚类6大类物质，产物数量为14种；含麻量20%的卷烟纸裂解产生了4大类物质，含麻量40%的卷烟纸裂解产生了3大类化合物；热裂解产物以醛类为主；含麻量20%的卷烟纸热裂解产生的酮类物质较多。

2. 在500 ℃条件下不同含麻量卷烟纸热裂解产物比较

从图4-12中可以看出，温度升高至500 ℃时，卷烟纸热裂解产物的种类及数量均有所增加，热裂解产物以醛类、酮类化合物为主；不同含麻量卷烟纸的热裂解

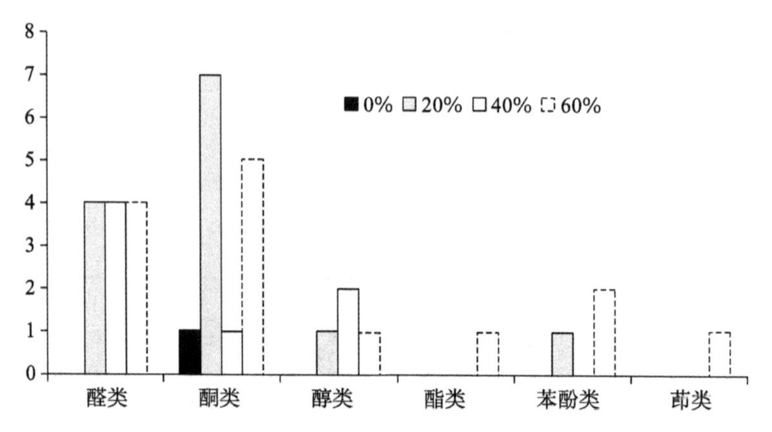

图 4-11 在 300 ℃条件下不同含麻量卷烟纸热裂解产物比较(民丰)

产物种类基本相同,数量有所差异;随着含麻量的增加,醛类、酮类及茚类物质呈上升趋势;含麻量为 40%的卷烟纸热裂解产生的稠环芳烃类物质相对较少,而含麻量为 60%的卷烟纸裂解产生的苯酚类物质相对较少。

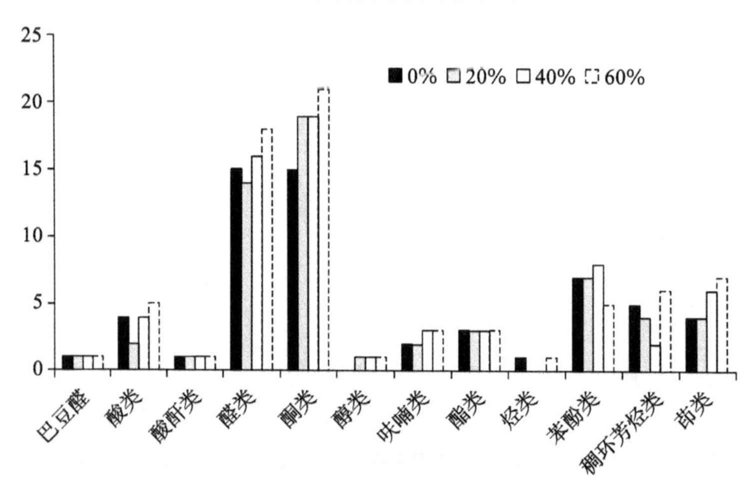

图 4-12 在 500 ℃条件下不同含麻量卷烟纸热裂解产物比较(华丰)

从图 4-13 中可以看出,不同含麻量的民丰卷烟纸随着温度升高至 500 ℃时,热裂解产物的种类及数量均有所增加,热裂解产物以醛类、酮类化合物为主;不同含麻量卷烟纸的热裂解产物种类基本相同,数量有所差异;随着含麻量的增加,稠环芳烃及茚类物质呈上升趋势。

3. 在 700 ℃条件下不同含麻量卷烟纸热裂解产物比较

从图 4-14 中可以看出,随着温度升高至 700 ℃时,卷烟纸热裂解产物的数量持续增加,增加较为明显的是稠环芳烃类物质;不同含麻量卷烟纸的热裂解产物种

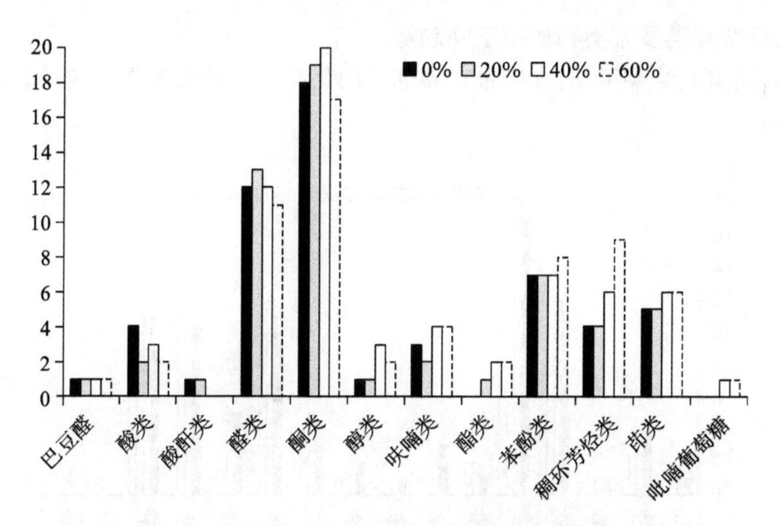

图 4-13　在 500 ℃条件下不同含麻量卷烟纸热裂解产物比较(民丰)

类基本相同,数量有所差异,含麻量为 40%的卷烟纸热裂解产物中的醛类、酮类及苯酚类物质的数量较多;含麻量为 60%的卷烟纸裂解产生的酸类、醇类、呋喃类、酯类、烃类、茚类物质的数量较多;随着含麻量的增加,烃类及茚类物质呈上升趋势,稠环芳烃类物质呈下降趋势。

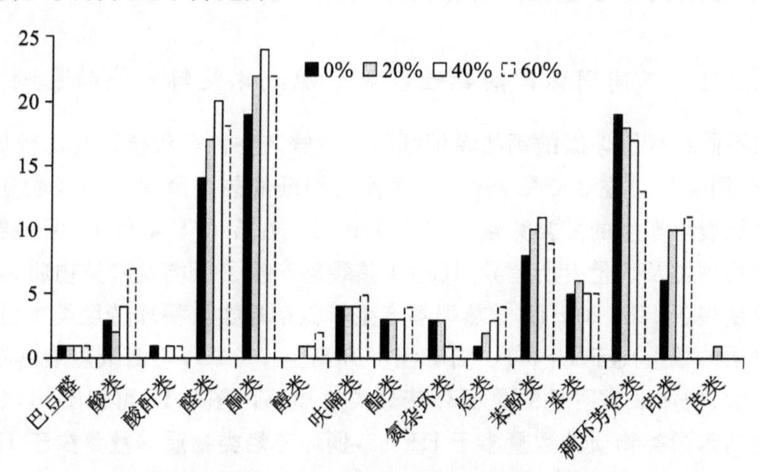

图 4-14　在 700 ℃条件下不同含麻量卷烟纸热裂解产物比较(华丰)

不同含麻量民丰卷烟纸在 700 ℃时的热裂解产物比较见图 4-15。从图 4-15 中可以看出,随着温度的升高,热裂解产物的数量持续增加,增加较为明显的是稠环芳烃类、茚类及苯酚类物质;不同含麻量卷烟纸的热裂解产物种类基本相同,数量有所差异,含麻量为 20%的卷烟纸热裂解产物中的醛类、酮类、烃类、苯酚类及茚类物质的数量较多,而稠环芳烃类物质的种类数最少;随着含麻量的增加,酸类、呋喃类、氮杂环类及苯类物质呈下降趋势。

由上述实验结果可知，含麻量对卷烟纸的热裂解产物数量有一定的影响，但规律性不强。

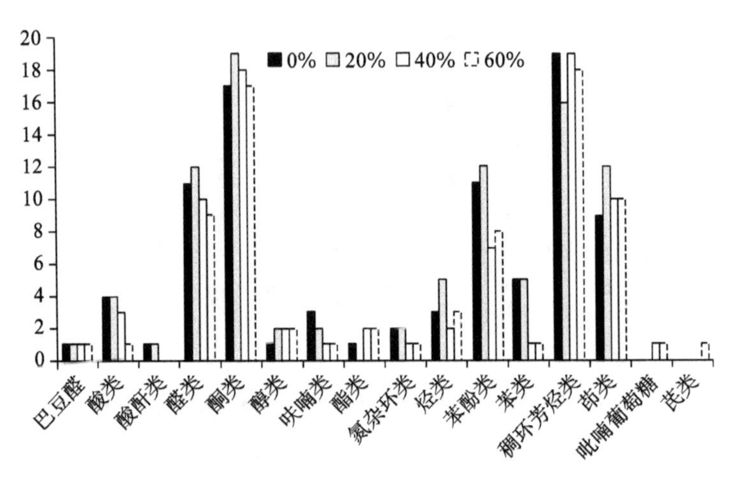

图 4-15 在 700 ℃条件下不同含麻量卷烟纸热裂解产物比较(民丰)

4.3.3 碳酸钙对卷烟纸热裂解结果讨论

4.3.3.1 不同固体碳酸钙粒径对卷烟纸热裂解产物的影响

添加不同粒径固体碳酸钙的卷烟纸的热裂解产物种类数统计及比较见表 4-27 及图 4-16、图 4-17。在 300 ℃条件下，两种卷烟纸的热裂解只产醛类物质，HF3-3(粒径大)热裂解产生的醛类数量略多于 HF3-1。在 500 ℃条件下，两种卷烟纸的热裂解产物种类及数量有所差异，HF3-1 热裂解产生了烃类及苯类物质，且苯酚类物质的数量多于 HF3-3；HF3-3 热裂解产生了氮杂环类及稠环芳烃类物质，且酮类及酯类物质的数量高于 HF3-1。随着温度升高至 700 ℃，卷烟纸热裂解产物的数量持续增加，增加最为明显的是稠环芳烃类物质。由图 4-17 可以看出，HF3-1 热裂解产生的苯酚类物质的数量多于 HF3-3，稠环芳烃类物质的数量少于 HF3-3。

表 4-27 添加不同粒径固体碳酸钙卷烟纸热裂解产物统计

化合物	HF3-1			HF3-3		
	300 ℃	500 ℃	700 ℃	300 ℃	500 ℃	700 ℃
巴豆醛/种	0	1	1	0	1	1
酸类/种	0	1	1	0	2	1
酸酐类/种	0	1	1	0	1	1

续表

化合物	HF3-1			HF3-3		
	300 ℃	500 ℃	700 ℃	300 ℃	500 ℃	700 ℃
醛类/种	3	11	12	5	11	11
酮类/种	0	16	12	0	17	15
醇类/种	0	1	1	0	1	1
呋喃类/种	0	5	5	0	4	5
酯类/种	0	1	1	0	2	2
氮杂环类/种	0	0	1	0	1	3
烃类/种	0	4	5	0	0	6
苯酚类/种	0	9	12	0	7	9
苯类/种	0	1	4	0	0	5
稠环芳烃类/种	0	0	13	0	2	25
茚类/种	0	6	15	0	6	14
总计/种	3	57	84	5	55	99

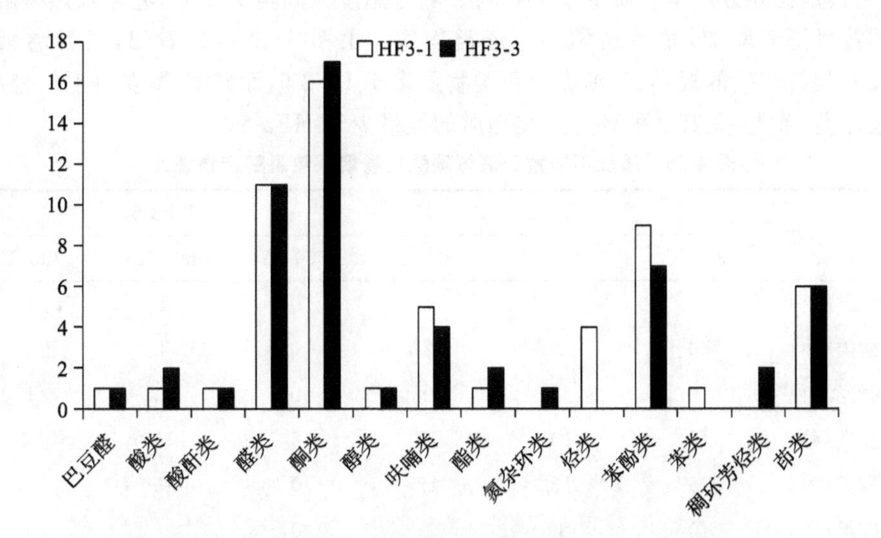

图 4-16　在 500 ℃条件下不同碳酸钙粒径卷烟纸热裂解产物比较

4.3.3.2　不同液体碳酸钙粒径对卷烟纸热裂解产物的影响

添加不同粒径液体碳酸钙的卷烟纸的热裂解产物种类数统计及比较见表 4-28 及图 4-18、图 4-19。在 300 ℃条件下，HF3-2 裂解产生了醛类及酮类两类物质。而

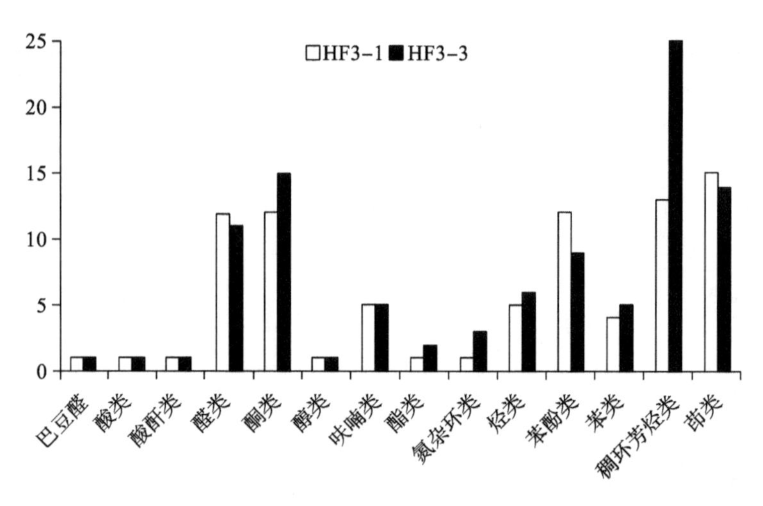

图 4-17　在 700 ℃条件下不同碳酸钙粒径卷烟纸热裂解产物比较

HF3-5 卷烟纸热裂解只产醛类物质;在 500 ℃条件下,两种卷烟纸的热裂解产物种类及数量有所差异,HF3-2 裂解产生了醇类及氮杂环类物质,而 HF3-5 裂解产生了酸酐类物质;HF3-2 裂解产生的呋喃类及茚类物质多于 HF3-5,而酸类、醛类、酯类,尤其是稠环芳烃类物质少于 HF3-5。随着温度升高至 700 ℃,卷烟纸热裂解产物的数量持续增加,尤其是稠环芳烃类物质。由图 4-19 可以看出,两种卷烟纸 HF3-2 裂解产生的烃类、苯酚类及茚类物质多于 HF3-5,而酸类、醛类、酮类、酯类、氮杂环类、苯类,尤其是稠环芳烃类物质的数量少于 HF3-5。

表 4-28　添加不同粒径液体碳酸钙卷烟纸热裂解产物统计

化　合　物	HF3-2			HF3-5		
	300 ℃	500 ℃	700 ℃	300 ℃	500 ℃	700 ℃
巴豆醛/种	0	1	1	0	1	1
酸类/种	0	2	2	0	4	3
酸酐类/种	0	0	0	0	1	1
醛类/种	6	10	12	6	15	14
酮类/种	5	15	17	0	15	19
醇类/种	0	1	1	0	0	0
呋喃类/种	0	4	4	0	2	4
酯类/种	0	1	1	0	3	3
氮杂环类/种	0	1	2	0	0	3
烃类/种	0	1	3	0	1	1

续表

化　合　物	HF3-2			HF3-5		
	300 ℃	500 ℃	700 ℃	300 ℃	500 ℃	700 ℃
苯酚类/种	0	7	12	0	7	8
苯类/种	0	0	3	0	0	5
稠环芳烃类/种	0	1	8	0	5	19
茚类/种	0	6	15	0	4	6
总计/种	11	50	81	6	58	87

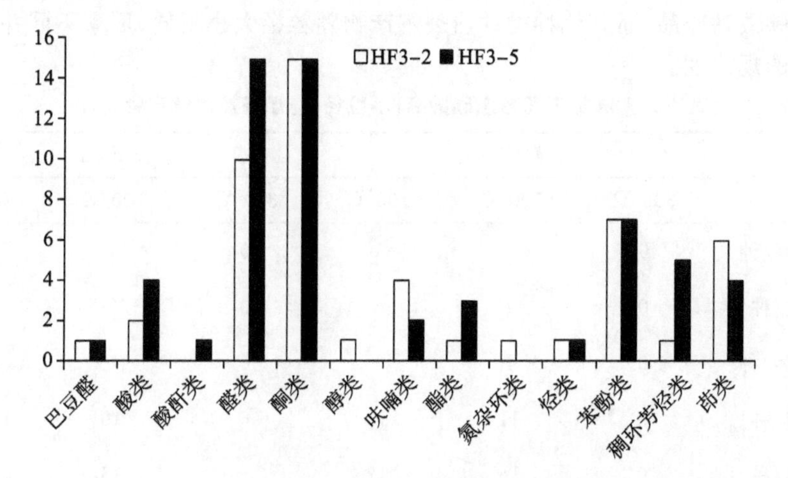

图 4-18　在 500 ℃条件下不同碳酸钙粒径卷烟纸热裂解产物比较

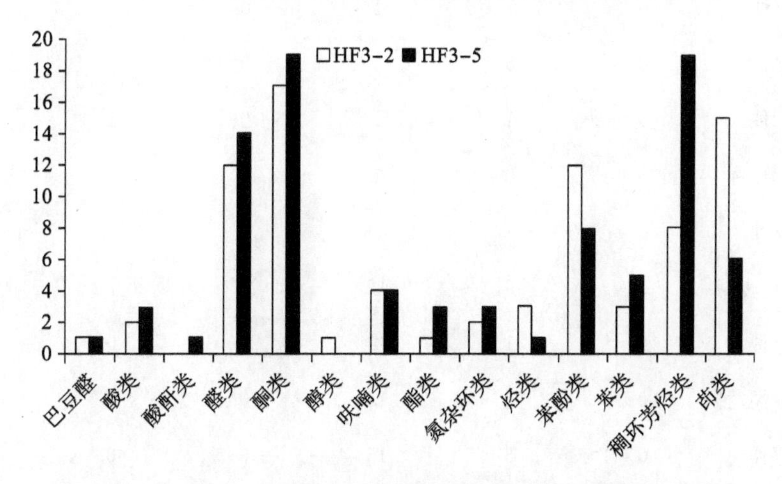

图 4-19　在 700 ℃条件下不同碳酸钙粒径卷烟纸热裂解产物比较

上述结果可以看出，碳酸钙粒径的大小对卷烟纸的热裂解产物有所影响，添加小粒径碳酸钙其热裂解产生的苯酚类物质较多，而添加大粒径碳酸钙其热裂解产生的稠环芳烃类物质较多。

4.3.3.3 不同碳酸钙形态对卷烟纸热裂解产物的影响

不同厂家添加不同碳酸钙形态的卷烟纸热裂解产物数量统计见表 4-29 至表 4-31，不同温度条件下的热裂解产物比较见图 4-20 和图 4-21。有上述数据可以看出，碳酸钙的形态（固体、液体）对卷烟纸热裂解产物的种类及数量有所影响，在 700 ℃条件下，添加固体碳酸钙的卷烟纸热裂解产生的稠环芳烃类物质的数量多于液体碳酸钙样品，而其他种类的热裂解产物随粒径大小不同、厂家不同并未表现出较好的规律性。

表 4-29 添加不同形态碳酸钙(小粒径)卷烟纸热裂解产物统计

化合物	HF3-1			HF3-2		
	300 ℃	500 ℃	700 ℃	300 ℃	500 ℃	700 ℃
巴豆醛/种	0	1	1	0	1	1
酸类/种	0	1	1	0	2	2
酸酐类/种	0	1	1	0	0	0
醛类/种	3	11	12	6	10	12
酮类/种	0	16	12	5	15	17
醇类/种	0	1	1	0	1	1
呋喃类/种	0	5	5	0	4	4
酯类/种	0	1	1	0	1	1
氮杂环类/种	0	0	1	0	1	2
烃类/种	0	4	5	0	1	3
苯酚类/种	0	9	12	0	7	12
苯类/种	0	1	4	0	0	3
稠环芳烃类/种	0	0	13	0	1	8
茚类/种	0	6	15	0	6	15
总计/种	3	57	84	11	50	81

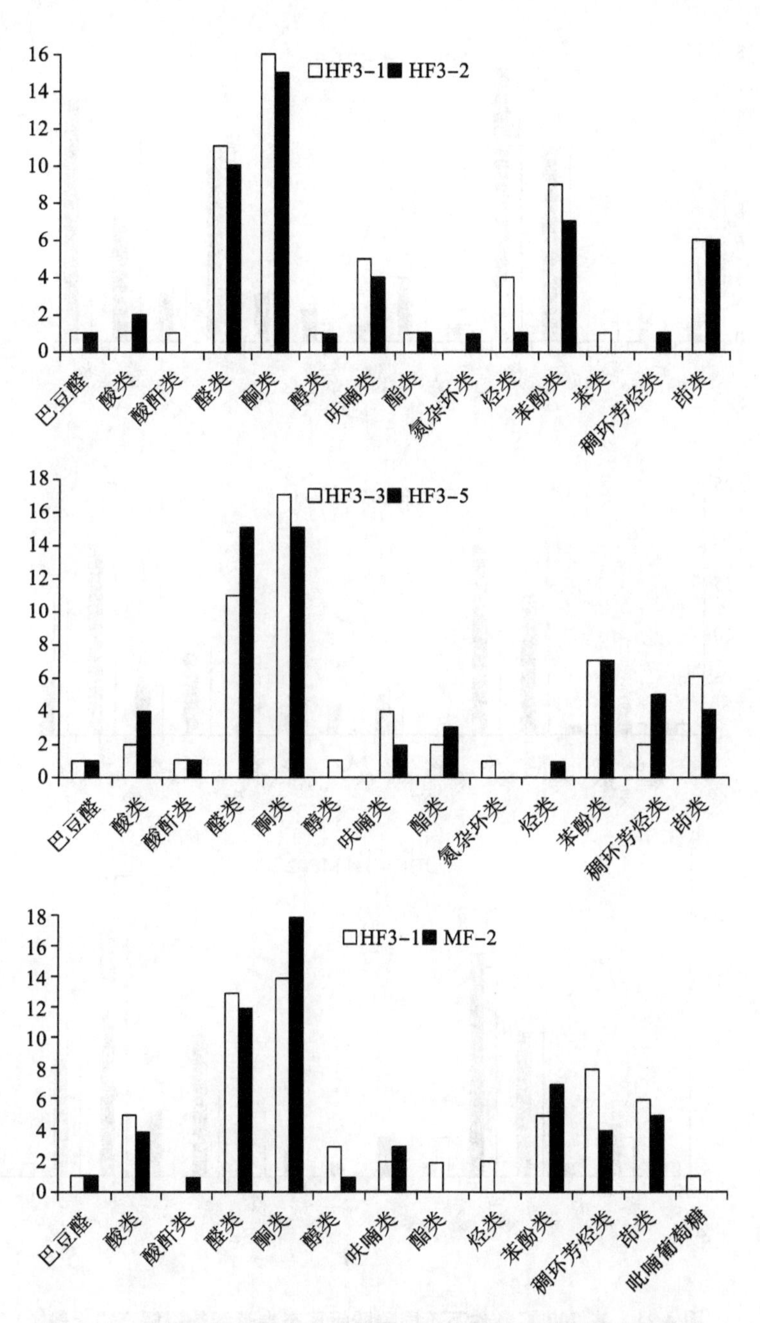

图 4-20　在 500 ℃条件下不同碳酸钙形态卷烟纸热裂解产物比较

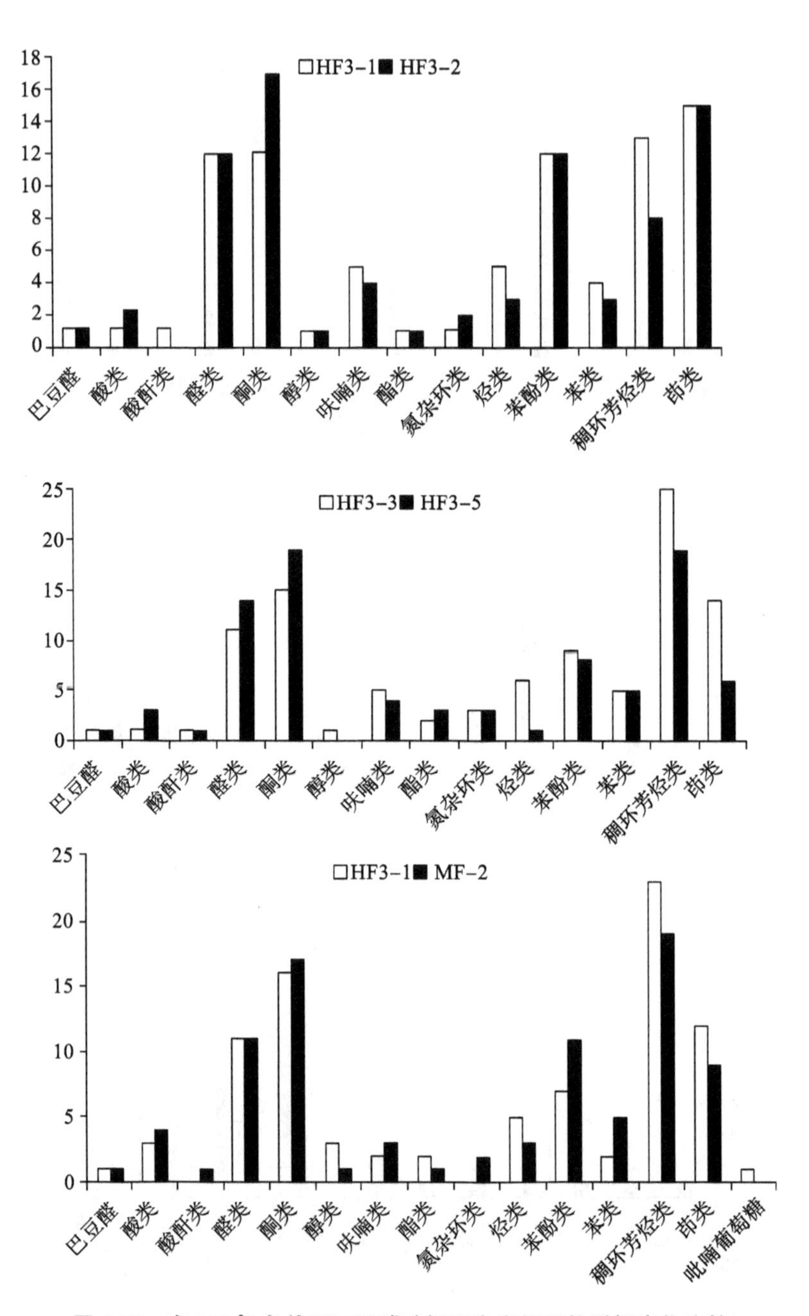

图 4-21 在 700 ℃条件下不同碳酸钙形态卷烟纸热裂解产物比较

表 4-30　添加不同形态碳酸钙(大粒径)卷烟纸热裂解产物统计

化合物	HF3-3			HF3-5		
	300 ℃	500 ℃	700 ℃	300 ℃	500 ℃	700 ℃
巴豆醛/种	0	1	1	0	1	1
酸类/种	0	2	1	0	4	3
酸酐类/种	0	1	1	0	1	1
醛类/种	5	11	11	6	15	14
酮类/种	0	17	15	0	15	19
醇类/种	0	1	1	0	0	0
呋喃类/种	0	4	5	0	2	4
酯类/种	0	2	2	0	3	3
氮杂环类/种	0	1	3	0	0	3
烃类/种	0	0	6	0	1	1
苯酚类/种	0	7	9	0	7	8
苯类/种	0	0	5	0	0	5
稠环芳烃类/种	0	2	25	0	5	19
茚类/种	0	6	14	0	4	6
总计/种	5	55	99	6	58	87

表 4-31　添加不同形态碳酸钙卷烟纸(民丰)热裂解产物统计

化合物	MF3-1			MF3-2		
	300 ℃	500 ℃	700 ℃	300 ℃	500 ℃	700 ℃
巴豆醛/种	0	1	1	0	1	1
酸类/种	0	5	3	0	4	4
酸酐类/种	0	0	0	0	1	1
醛类/种	3	13	11	0	12	11
酮类/种	0	14	16	1	18	17
醇类/种	0	3	3	0	1	1
呋喃类/种	0	2	2	0	3	3
酯类/种	1	2	2	0	0	1
氮杂环类/种	0	0	0	0	0	2
烃类/种	0	2	5	0	0	3

续表

化合物	MF3-1			MF3-2		
	300 ℃	500 ℃	700 ℃	300 ℃	500 ℃	700 ℃
苯酚类/种	0	5	7	0	7	11
苯类/种	0	0	2	0	0	5
稠环芳烃类/种	0	8	23	0	4	19
茚类/种	0	6	12	0	5	9
吡喃葡萄糖/种	0	1	1	0	0	0
总计/种	4	62	88	1	56	88

4.3.3.4 不同碳酸钙含量对卷烟纸热裂解产物的影响

不同碳酸钙添加量的卷烟纸在300 ℃、500 ℃、700 ℃条件下的热裂解产物统计结果见表4-32，从表中数据可以看出，不同碳酸钙添加量的卷烟纸，其热裂解产物的种类基本一致，以醛类、酮类、苯酚类、稠环芳烃类、茚类物质为主，而各类化合物的数量有所差异。随着温度的升高，卷烟纸热裂解产物的数量随之增加。

表4-32 不同碳酸钙添加量卷烟纸热裂解产物统计

化合物	HF1-1			HF1-2			HF1-3		
	300 ℃	500 ℃	700 ℃	300 ℃	500 ℃	700 ℃	300 ℃	500 ℃	700 ℃
巴豆醛/种	0	1	1	0	1	1	0	1	1
酸类/种	0	0	2	0	2	3	0	2	3
酸酐类/种	0	1	1	0	1	1	0	1	1
醛类/种	1	9	11	5	13	14	5	12	14
酮类/种	0	22	24	0	20	24	1	17	21
醇类/种	0	1	1	0	2	3	0	1	1
呋喃类/种	0	4	6	0	3	4	0	4	6
酯类/种	0	1	1	0	2	2	0	2	2
氮杂环类/种	0	0	3	0	0	2	0	0	3
烃类/种	0	2	5	0	0	2	0	0	1
苯酚类/种	0	6	9	0	10	9	0	6	8
苯类/种	0	1	5	0	0	6	0	2	6
稠环芳烃类/种	0	3	15	0	3	15	0	6	17
茚类/种	0	6	7	0	7	9	0	6	11

续表

化　合　物	HF1-1			HF1-2			HF1-3		
	300 ℃	500 ℃	700 ℃	300 ℃	500 ℃	700 ℃	300 ℃	500 ℃	700 ℃
芪类/种	0	0	0	0	0	0	0	0	1
总计/种	1	57	91	5	64	95	6	60	96

不同碳酸钙添加量卷烟纸在 3 种温度条件下的热裂解产物比较如图 4-22 至图 4-24 所示。

1. 在 300 ℃条件下热裂解产物比较

在 300 ℃条件下，卷烟纸热裂解产物较少，只产生了少部分的醛类、酮类物质，HF1-1 的裂解产物最少，为 1 种醛类物质(见图 4-22)，随着碳酸钙添加量由 28%增加至 36%，HF1-3 的热裂解产物种类和数量均有所增加。

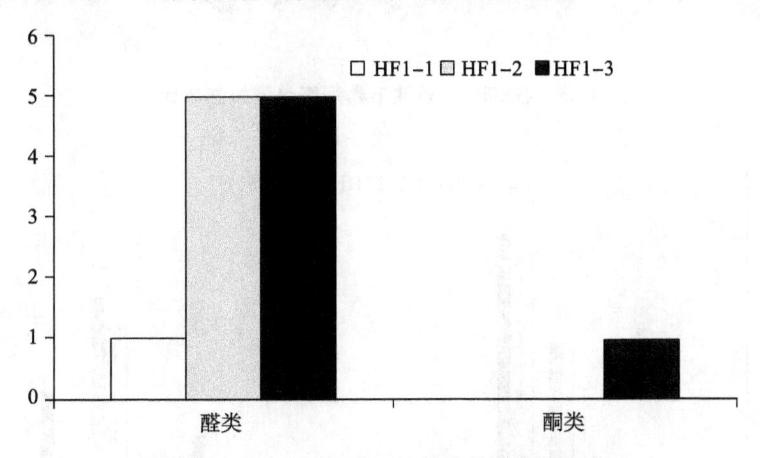

图 4-22　在 300 ℃条件下卷烟纸热裂解结果比较

2. 在 500 ℃条件下热裂解产物比较

在 500 ℃条件下，卷烟纸热裂解产物的种类及数量均有所增加，以醛类、酮类化合物为主，不同碳酸钙添加量卷烟纸裂解产物的种类基本一致，数量上略有差异，HF1-1 裂解产物数量为 57 种，而 HF1-2 的裂解产物数量最多，达 64 种。随着碳酸钙添加量的增加，酮类化合物的种类数呈下降趋势，稠环芳烃类物质有所增加(见图 4-23)。

3. 在 700 ℃条件下热裂解产物比较

随着温度升高至 700 ℃，卷烟纸热裂解产物的种类及数量持续增加，出现了氮杂环类及芪类物质，热裂解产物以醛类、酮类化合物为主，其次为稠环芳烃类、苯酚类及茚类物质。数量增加较明显的是稠环芳烃类物质，其次为醛类和茚类。不同碳酸钙添加量卷烟纸热裂解产物的种类基本一致，随着碳酸钙添加量的增加，热裂解产物的总数略有上升。

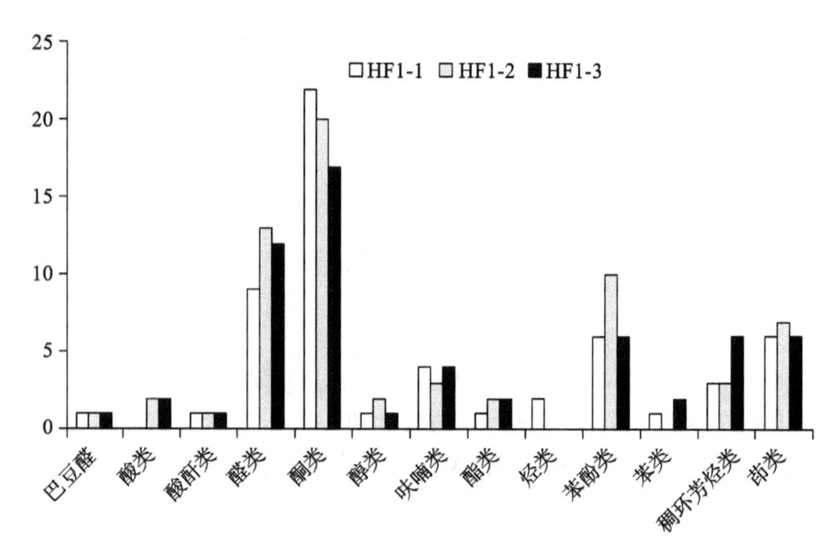

图 4-23 在 500 ℃条件下卷烟纸热裂解结果比较

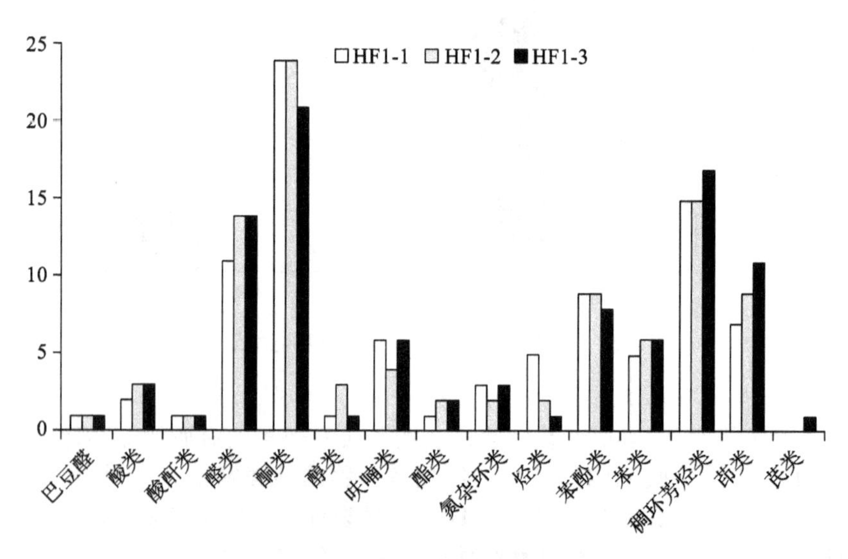

图 4-24 在 700 ℃条件下卷烟纸热裂解结果比较

4.3.4 卷烟纸助燃剂对卷烟热裂解产物的影响

4.3.4.1 不同助燃剂种类对卷烟纸热裂解产物的影响

添加柠檬酸钾、苹果酸钾、乳酸钾及酒石酸钾 4 种不同助燃剂的卷烟纸的热裂解产物种类数统计及不同温度下热裂解产物的比较见表 4-33 及图 4-25 至图 4-27。从表 4-33 中的数据可以看出，添加不同助燃剂后，在 300 ℃条件下，乳酸钾及酒石酸钾的热裂解产物较为丰富，而在 500 ℃及 700 ℃条件下，热裂解产物的数量为柠檬酸钾＞乳酸钾＞酒石酸钾＞苹果酸钾。在 500 ℃条件下，HF4-1 热裂解产生较多的醛类及酮类物质，HF4-3 热裂解产生较多的苯酚类及稠环芳烃类物质；随着热裂解温度升高至 700 ℃，4 种卷烟纸热裂解产生的化合物种类基本一致，数量差异最为明显的是稠环芳烃类物质，HF4-1 热裂解产生的稠环芳烃类物质数量高于其他 3 种卷烟纸。

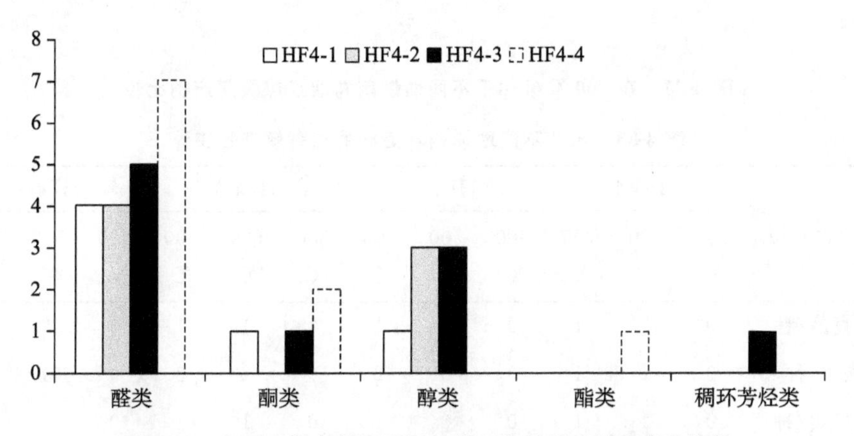

图 4-25　在 300 ℃条件下不同助燃剂卷烟纸热裂解产物比较

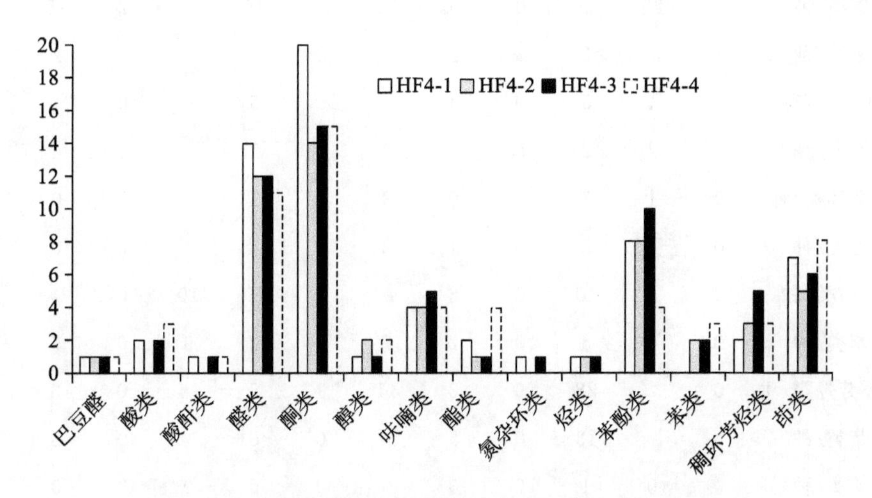

图 4-26　在 500 ℃条件下不同助燃剂卷烟纸热裂解产物比较

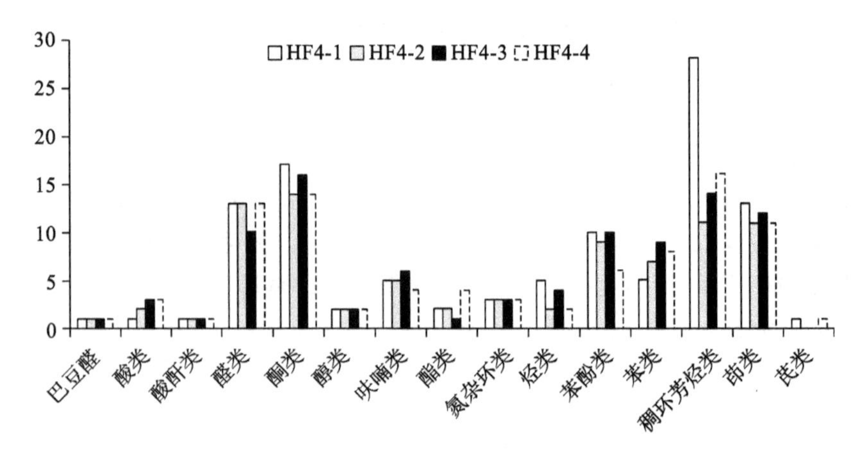

图 4-27 在 700 ℃条件下不同助燃剂卷烟纸热裂解产物比较

表 4-33 添加不同助燃剂卷烟纸的热裂解产物统计

化合物	HF4-1			HF4-2			HF4-3			HF4-4		
	300 ℃	500 ℃	700 ℃	300 ℃	500 ℃	700 ℃	300 ℃	500 ℃	700 ℃	300 ℃	500 ℃	700 ℃
巴豆醛/种	0	1	1	0	1	1	0	1	1	0	1	1
酸类/种	0	2	1	0	0	2	0	2	3	0	3	3
酸酐类/种	0	1	1	0	0	1	0	1	1	0	1	1
醛类/种	4	14	13	4	12	13	5	12	10	7	11	13
酮类/种	1	20	17	0	14	14	1	15	16	2	15	14
醇类/种	1	1	2	3	2	2	3	1	2	0	2	2
呋喃类/种	0	4	5	0	4	5	0	5	6	0	4	4
酯类/种	0	2	2	0	1	2	0	1	1	1	4	4
氮杂环类/种	0	1	3	0	0	3	0	1	3	0	0	3
烃类/种	0	1	5	0	1	2	0	1	4	0	0	2
苯酚类/种	0	8	10	0	8	9	0	10	10	0	4	6
苯类/种	0	0	5	0	2	7	0	2	9	0	3	8
稠环芳烃类/种	0	2	28	0	3	11	1	5	14	0	3	16
茚类/种	0	7	13	0	5	11	0	6	12	0	8	11
芪类/种	0	0	1	0	0	0	0	0	0	0	0	1
总计/种	6	64	107	7	53	83	10	63	92	10	59	89

4.3.4.2　不同助燃剂钾钠比对卷烟纸热裂解产物的影响

从表 4-34 中的数据可以看出，在 300 ℃条件下，卷烟纸热裂解只产生醛类物质，在 500 ℃条件下，卷烟纸的热裂解产物种类及数量增加较为明显，热裂解产物数量钾钠比为 4.9∶1＞3∶7＞3.1∶1＞全钾＞1∶1（见图 4-28）；温度升高至 700 ℃时，卷烟纸热裂解产物数量持续增加，热裂解产物数量钾钠比为 4.9∶1＞3∶7＞1∶1＞全钾＞3.1∶1（见图 4-29）。

表 4-34　不同助燃剂钾钠比卷烟纸热裂解产物统计表

化　合　物	HF4-5（钾钠比 1∶0）			HF4-6（钾钠比 4.9∶1）			HF4-7（钾钠比 3.1∶1）			HF4-8（钾钠比 1∶1）			HF4-9（钾钠比 3∶7）		
	300 ℃	500 ℃	700 ℃	300 ℃	500 ℃	700 ℃	300 ℃	500 ℃	700 ℃	300 ℃	500 ℃	700 ℃	300 ℃	500 ℃	700 ℃
巴豆醛/种	0	1	1	0	1	1	0	1	1	0	1	1	0	1	1
酸类/种	0	0	1	0	0	2	0	0	1	0	0	2	0	1	3
酸酐类/种	0	1	1	0	1	1	0	1	1	0	1	1	0	1	1
醛类/种	3	13	12	3	8	8	5	6	8	3	8	10	4	9	10
酮类/种	0	14	13	0	12	14	0	12	12	0	12	12	0	15	15
醇类/种	0	1	1	0	1	1	0	1	1	0	1	1	0	1	1
呋喃类/种	0	4	6	0	4	4	0	5	6	0	6	6	0	5	6
酯类/种	0	2	3	0	2	2	0	2	2	0	1	2	0	2	2
氮杂环类/种	0	1	1	0	2	4	0	1	3	0	0	1	0	1	3
烃类/种	0	1	3	0	1	5	0	2	4	0	1	3	0	0	4
苯酚类/种	0	2	4	0	6	5	0	6	6	0	4	6	0	5	6
苯类/种	0	1	7	0	4	6	0	2	6	0	2	5	0	1	6
稠环芳烃类/种	0	2	19	0	6	22	0	5	19	0	5	19	0	6	21
茚类/种	0	9	12	0	13	19	0	11	14	0	8	16	0	8	14
总计/种	3	52	84	3	61	94	5	55	84	3	50	85	4	56	93
种类数/种	1	13	14	1	13	14	1	13	14	1	12	14	1	13	14

从图 4-28 中可以看出，在 500 ℃条件下，卷烟纸热裂解产物以酮类为主，其次为醛类、茚类、呋喃类及苯酚类物质。钾钠比为 3∶7 的卷烟纸其热裂解产生的酮类物质数量最多；全钾的卷烟纸热裂解产生的醛类、酮类物质数量最多，而苯酚类、

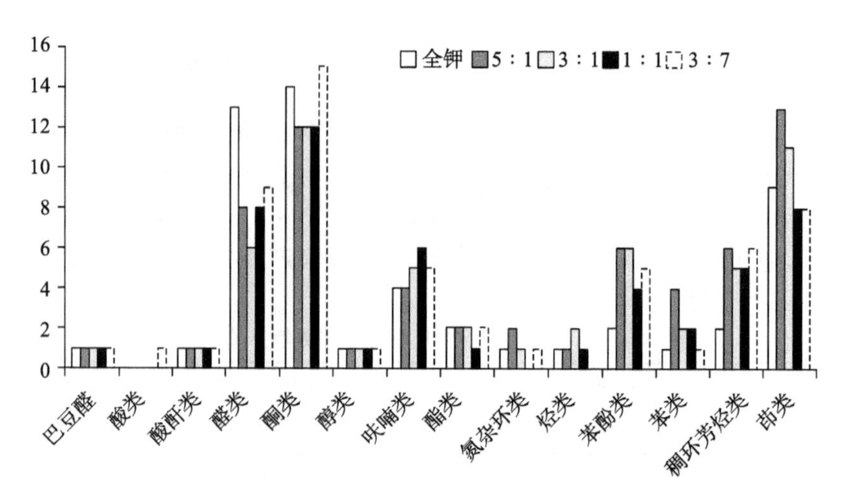

图 4-28 在 500 ℃条件下卷烟纸热裂解产物比较

苯类、稠环芳烃类及茚类物质相对较少；钾钠比为 5：1 的卷烟纸热裂解产生的苯酚类、苯类、稠环芳烃类及茚类物质数量最多。

从图 4-29 中可以看出，随着温度升高至 700 ℃，卷烟纸热裂解产物以稠环芳烃类为主，其次为茚类、酮类及醛类。5 种卷烟纸热裂解产生的化合物种类基本一致，而数量有所差异，钾钠比为 3：7 的卷烟纸其热裂解产生的酮类物质数量最多；全钾的卷烟纸热裂解产生的醛类物质数量最多，而苯酚类、稠环芳烃类及茚类物质相对较少；钾钠比为 5：1 的卷烟纸热裂解产生的稠环芳烃类及茚类物质数量最多。

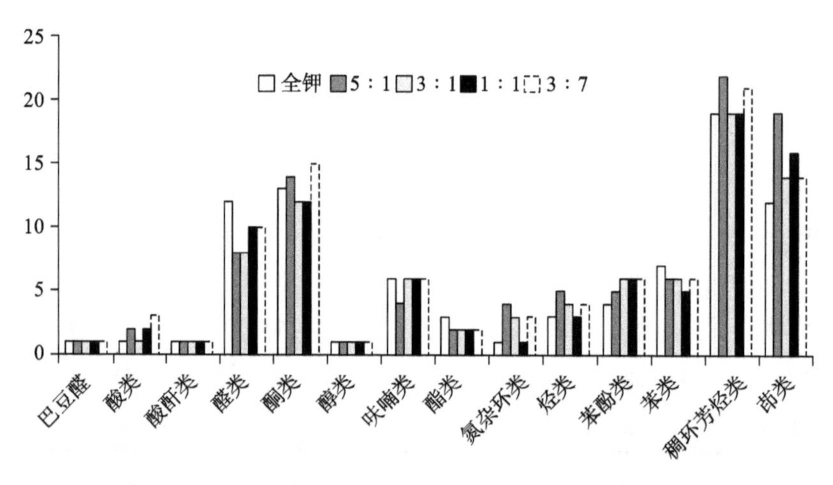

图 4-29 在 700 ℃条件下卷烟纸热裂解产物比较

由检测数据可知，助燃剂钾钠比对卷烟纸的热烈解产物有所影响。

4.3.4.3 不同助燃剂含量对卷烟纸热裂解产物的影响

从表4-35中数据可以看出，在300 ℃条件下，HF4-13没有热裂解产物产生，其余4种卷烟纸热裂解只产生醛类物质，在500 ℃条件下，卷烟纸的热裂解产物种类及数量增加较为明显，温度升高至700 ℃时，卷烟纸热裂解产物数量持续增加，热裂解产物的数量与助燃剂添加浓度无明显相关性。

表4-35 不同助燃剂添加量卷烟纸热烈解产物统计

化合物	HF4-10			HF4-11			HF4-12			HF4-13			HF4-14		
	300 ℃	500 ℃	700 ℃	300 ℃	500 ℃	700 ℃	300 ℃	500 ℃	700 ℃	300 ℃	500 ℃	700 ℃	300 ℃	500 ℃	700 ℃
巴豆醛/种	0	1	1	0	1	1	0	1	1	0	1	1	0	1	1
酸类/种	0	3	4	0	0	3	0	4	3	0	0	0	0	0	1
酸酐类/种	0	1	1	0	1	1	0	1	1	0	1	1	0	1	1
醛类/种	3	14	14	3	11	10	6	15	14	0	10	9	4	10	9
酮类/种	0	14	15	0	13	15	0	15	19	0	11	15	0	13	13
醇类/种	0	2	1	0	1	1	0	0	0	0	2	0	0	1	1
呋喃类/种	0	4	7	0	8	7	0	2	4	0	6	6	0	6	4
酯类/种	0	2	2	0	2	2	0	3	3	0	1	2	0	1	0
氮杂环类/种	0	1	2	0	1	3	0	0	3	0	1	3	0	1	4
烃类/种	0	1	5	0	0	2	0	1	1	0	0	7	0	0	5
苯酚类/种	0	5	5	0	2	4	0	7	8	0	5	6	0	3	5
苯类/种	0	0	5	0	2	5	0	0	5	0	0	4	0	0	1
稠环芳烃类/种	0	3	16	0	4	18	0	5	19	0	7	17	0	4	19
茚类/种	0	6	14	0	6	12	0	4	6	0	7	14	0	9	13
芪类/种	0	0	1	0	0	1	0	0	0	0	0	3	0	0	1
总计/种	3	57	93	3	52	85	6	58	87	0	52	88	4	50	78

从图4-30中可以看出，在500 ℃条件下，卷烟纸热裂解产物以醛类及酮类为主，其次为茚类、呋喃类、苯酚类及稠环芳烃类物质。助燃剂添加量为1.4%时，卷烟纸热裂解产生的醛类、酮类及苯酚类物质数量最多，而茚类物质数量较少；助燃

剂添加量为 2.00%时，卷烟纸热裂解产生的稠环芳烃类物质数量最多；添加量为 2.10%时，卷烟纸热裂解产生的茚类物质数量最多；助燃剂添加量为 0.6%时，卷烟纸热裂解产生的稠环芳烃类物质最少。

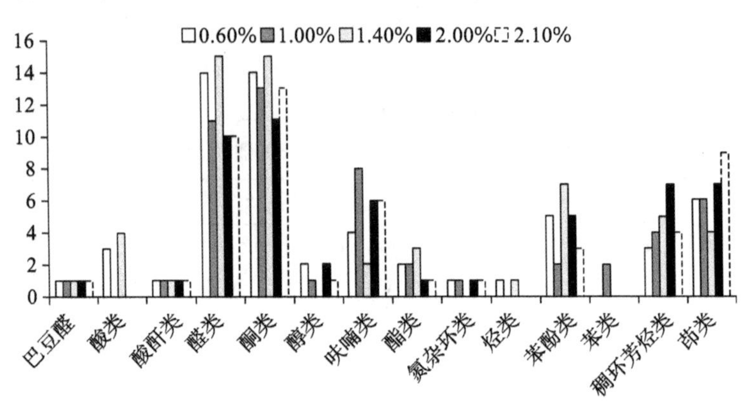

图 4-30　在 500 ℃条件下不同助燃剂添加量卷烟纸热烈解产物比较

从图 4-31 中可以看出，热裂解温度升至 700 ℃时，5 种卷烟纸热裂解产物的种类基本一致，卷烟纸热裂解产物以稠环芳烃类物质为主，其次为酮类物质。助燃剂添加量为 0.6%时，卷烟纸热裂解产生的化合物数量最多，添加量为 2.10%的卷烟纸热裂解产物数量最少。与 500 ℃条件下相似的是，助燃剂添加量为 1.40%时，卷烟纸热裂解产生的醛类、酮类、酯类及苯酚类物质最多，而茚类物质数量最少。助燃剂添加量为 0.60%时，热裂解产生的稠环芳烃类物质最少，而酸类、醛类、呋喃类及茚类物质含量较高。

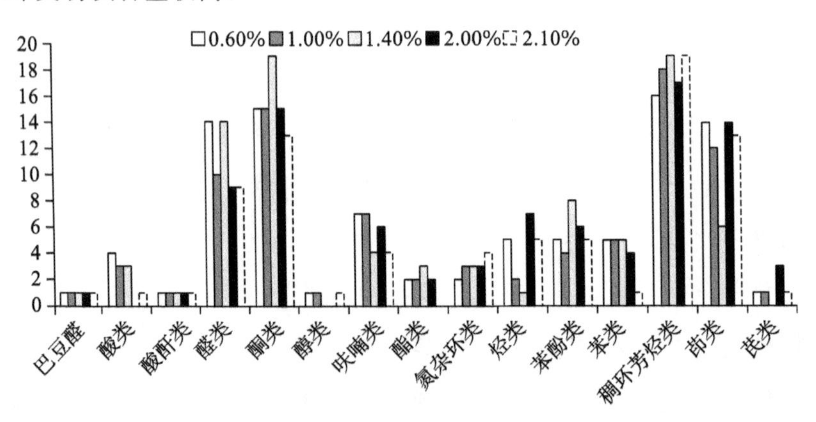

图 4-31　在 700 ℃条件下不同助燃剂添加量卷烟纸热烈解产物比较

由检测数据可知，助燃剂添加量对卷烟纸的热烈解产物有所影响，但与添加浓度无明显相关性。

4.3.5　卷烟纸助留剂添加量对卷烟热裂解产物的影响

4.3.5.1　华丰提供的不同瓜尔胶添加量卷烟纸样品热裂解结果

从表 4-36 中的数据可以看出，两种不同瓜尔胶添加量的卷烟纸在 300 ℃条件下的热裂解产物种类较少，0.5%添加量的卷烟纸裂解产生了极少量的醛类及酮类物质，0.8%添加量的卷烟纸裂解产生了酸类、醛类、酮类、醇类、酯类及苯酚类物质，但每种化合物的数量较少；随着温度的升高，卷烟纸热裂解产物的种类及数量均有所增加，但两种卷烟纸的热裂解产物基本相似。

表 4-36　不同瓜尔胶添加量卷烟纸热裂解产物统计

化合物	HF6-1			HF6-2		
	300 ℃	500 ℃	700 ℃	300 ℃	500 ℃	700 ℃
巴豆醛/种	0	1	1	0	1	1
酸类/种	0	4	5	1	4	5
酸酐类/种	0	1	1	0	1	1
醛类/种	3	12	12	3	12	11
酮类/种	0	14	15	1	14	16
醇类/种	1	1	1	1	2	1
呋喃类/种	0	3	3	0	4	4
酯类/种	0	2	3	1	1	1
氮杂环类/种	0	0	3	0	0	3
烃类/种	0	0	2	0	0	3
苯酚类/种	0	10	12	1	7	11
苯类/种	0	0	7	0	0	5
稠环芳烃类/种	0	4	19	0	2	20
茚类/种	0	7	11	0	7	12
总计/种	4	59	95	8	55	94

从图 4-32 中可以看出，两种卷烟纸热裂解产生的化合物种类基本一致，个别

类别的化合物数量上有所差异，较为明显的是苯酚类及稠环芳烃类物质。从图4-33中可以看出，随着温度升高至700 ℃，两种卷烟纸热裂解产物的种类及数量基本一致。

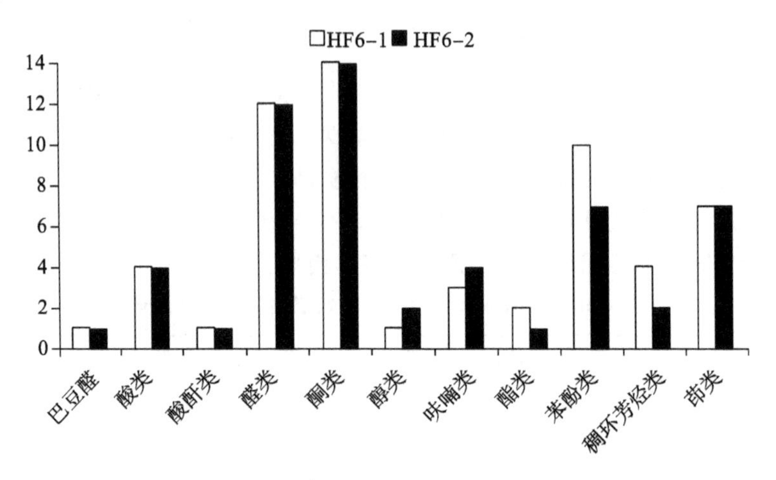

图4-32　在500 ℃条件下卷烟纸热裂解产物比较

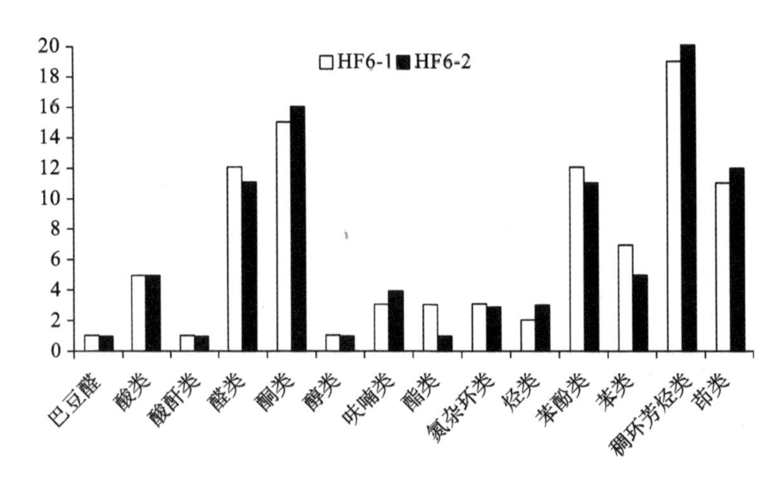

图4-33　在700 ℃条件下卷烟纸热裂解产物比较

4.3.5.2　民丰提供的不同瓜尔胶添加量卷烟纸样品热裂解结果

从表4-37中的数据可以看出，两种不同瓜尔胶添加量的卷烟纸在300 ℃条件下的热裂解产物种类较少，0.6%添加量的卷烟纸热裂解产生了1种酮类物质，0.8%添加量的卷烟纸热裂解产生了4种醛类及1种酸类物质；随着温度的升高，卷烟纸热裂解产物的种类及数量均有所增加，除了酮类、稠环芳烃类及茚类物质存在一定的数量差异外，两种卷烟纸的其余热裂解产物基本相似。

表 4-37　不同瓜尔胶添加量卷烟纸热裂解产物统计

化合物	MF6-1			MF6-2		
	300 ℃	500 ℃	700 ℃	300 ℃	500 ℃	700 ℃
巴豆醛/种	0	1	1	0	1	1
酸类/种	0	4	4	1	4	2
酸酐类/种	0	1	1	0	1	1
醛类/种	0	12	11	4	12	10
酮类/种	1	18	17	0	11	13
醇类/种	0	1	1	0	1	1
呋喃类/种	0	3	3	0	1	4
酯类/种	0	0	1	0	0	0
氮杂环类/种	0	0	2	0	0	2
烃类/种	0	0	3	0	0	2
苯酚类/种	0	7	11	0	8	8
苯类/种	0	0	5	0	0	4
稠环芳烃类/种	0	4	19	0	6	25
茚类/种	0	5	9	0	8	17
芪类/种	0	0	0	0	0	1
总计/种	1	56	88	5	53	91

从图 4-34 中可以看出，两种卷烟纸热裂解产生的化合物种类基本一致，个别类别的化合物数量上有所差异，MF6-1 热裂解产生的酮类、呋喃类物质高于 MF6-2，而苯酚类、稠环芳烃及茚类物质数量低于 MF6-2；从图 4-35 中可以看出，随着温度升高至 700 ℃，两种卷烟纸热裂解产物的种类及数量持续增加，差异与在 500 ℃时基本相似，酮类、苯酚类、稠环芳烃类及茚类物质的数量存在一定的差异。

4.3.6　卷烟纸工艺优化对卷烟热裂解产物的影响

从表 4-38 及图 4-36 中的数据可以看出，不同孔隙率的卷烟纸在 300 ℃条件下热裂解产物较少，HF4-13(2)热裂解产生 2 种醛类物质，HF4-13(3)热裂解产生 4 种醛类物质、1 种苯酚类物质及 1 种酮类物质，在 500 ℃条件下，3 种卷烟纸的热烈解产物种类基本一致，数量略有差异，HF4-13(3)热裂解产生的酮类、苯酚类、醛类物质数量较多，而茚类、稠环芳烃类、呋喃类、醇类物质数量较少。

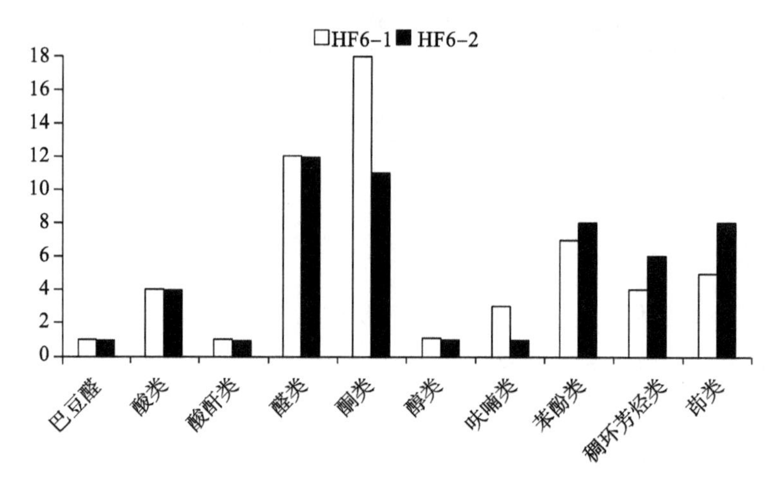

图 4-34　在 500 ℃条件下卷烟纸热裂解产物比较

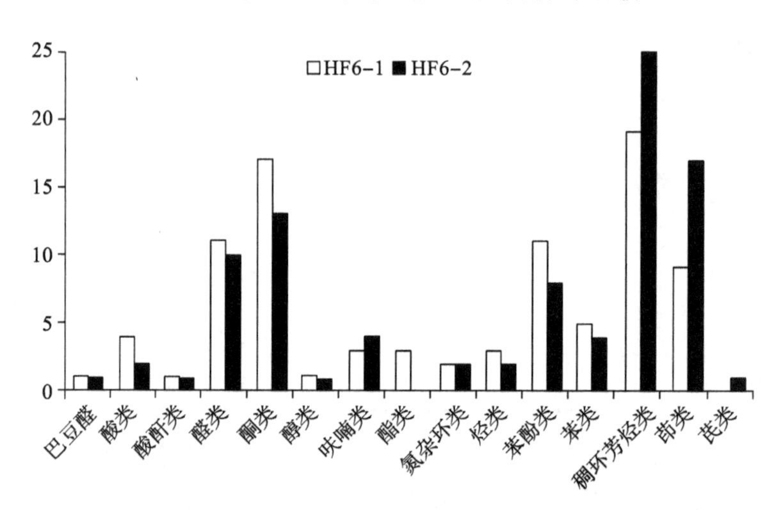

图 4-35　在 700 ℃条件下卷烟纸热裂解产物比较

表 4-38　不同孔隙率卷烟纸热裂解产物统计

化合物	HF4-13			HF4-13(2)			HF4-13(3)		
	300 ℃	500 ℃	700 ℃	300 ℃	500 ℃	700 ℃	300 ℃	500 ℃	700 ℃
巴豆醛/种	0	1	1	0	1	1	0	1	1
酸类/种	0	0	0	0	0	0	0	4	3
酸酐类/种	0	1	1	0	1	1	0	1	1
醛类/种	0	10	9	2	8	9	4	10	10

续表

化合物	HF4-13			HF4-13(2)			HF4-13(3)		
	300 ℃	500 ℃	700 ℃	300 ℃	500 ℃	700 ℃	300 ℃	500 ℃	700 ℃
酮类/种	0	11	15	0	13	13	1	15	15
醇类/种	0	2	0	0	1	1	0	1	1
呋喃类/种	0	6	6	0	5	5	0	3	3
酯类/种	0	1	2	0	0	1	0	2	2
氮杂环类/种	0	1	3	0	2	4	0	0	1
烃类/种	0	0	7	0	1	8	0	0	1
苯酚类/种	0	5	6	0	2	4	1	8	9
苯类/种	0	0	4	0	0	7	0	0	1
稠环芳烃类/种	0	7	17	0	5	23	0	5	17
茚类/种	0	7	14	0	7	12	0	3	11
芪类/种	0	0	3	0	0	1	0	0	1
总计/种	0	52	88	2	46	90	6	53	77

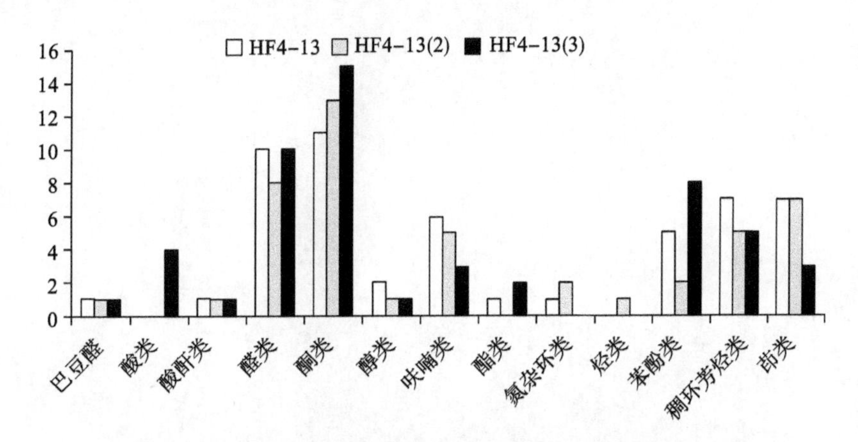

图 4-36 在 500 ℃条件下不同孔隙率卷烟纸热裂解产物比较

温度升高至 700 ℃时，卷烟纸热裂解产物的数量持续增加，与 500 ℃相比，增加较为明显的是稠环芳烃类物质，HF4-13(3)热裂解产生的呋喃类、氮杂环类、烃类、苯类、茚类等物质均少于其他两种卷烟纸，HF4-13(2)热裂解产生的苯类及稠环芳烃类物质的数量较多，而苯酚类物质、酯类物质数量相对较少(见图 4-37)。

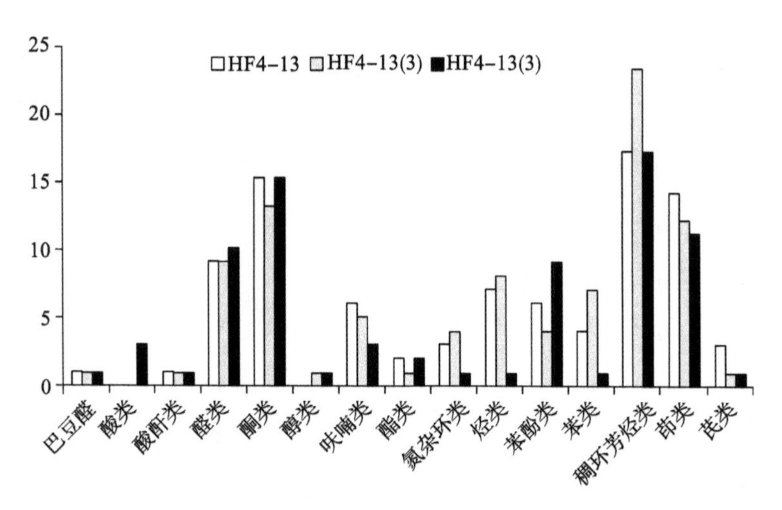

图 4-37 在 700 ℃条件下不同孔隙率卷烟纸热裂解产物比较

第 5 章　卷烟纸参数设计对卷烟质量的影响

卷烟纸作为卷烟生产的基本辅材，尽管所占比例很小，但它对卷烟的燃烧速率、通风度、抽吸口数、主（侧）流烟气和灰分等都有较大的影响，这些指标都将直接影响到卷烟的烟气成分、燃烧、包灰效果和卷烟的吸味。许多科研工作者都致力于卷烟纸对卷烟质量影响的研究，但绝大部分侧重于考察卷烟纸物理参数变化（如透气度、克重、灰分等指标）对卷烟质量的影响，而忽略了卷烟纸填料配方和罗纹设计变化产生的影响，导致部分研究成果或结论在指导生产应用时出现问题。近年来，一些学者开始对卷烟纸的纤维、填料、助剂进行了摸索，但是缺乏系统研究。因此，本章节系统探讨从木浆原料类型、碳酸钙性状及用量、助燃剂类型及含量、助留剂用量、罗纹类型等方面系统探讨卷烟纸各组成因素特性参数对卷烟质量的影响，为卷烟工业企业的产品质量控制提供新的思路。

5.1　卷烟纸参数设计对卷烟常规烟气成分的影响

将第 4 章 4.3.1 所述的不同卷烟纸木浆（类型）、填料碳酸钙（类型、粒径、用量）、助燃剂（含量、类型）、助留剂（瓜尔胶用量）、罗纹形式（类型、深浅、压纹方式）参数变化的样品，制备不同特性烟支样品。

5.1.1　测试方法和评价原则

（1）依据 GB/T 19609—2004《卷烟 用常规分析用吸烟机测定 总粒相物和焦油》对卷烟样品气相中的总粒相物和焦油进行测定；依据 GB/T 23356—2009《卷烟烟气气相中一氧化碳的测定 非散射红外法》卷烟烟气气相中的一氧化碳进行测定；依据 YC/T 156—2001《卷烟 总粒相物中烟碱的测定气相色谱法》对卷烟烟气气相中的烟碱进行测定；依据 YC/T 157—2001《卷烟 总粒相物中水分的测定 气相

色谱法》对卷烟烟气气相中的水分进行测定。

(2) 根据测试烟气常规成分的仪器不确定度，并结合历年测试误差，设置如下数据分析准则：烟气成分差值或极差数值/平均值≤5%视为无差异，差值或极差数值/平均值>5%视为有差异。

5.1.2 卷烟纸含麻量对卷烟常规烟气成分的影响

从表5-1中可以看出，随着含麻量的增加，3种常规烟气成分的变化极小，焦油变化0.2 mg，烟碱变化0.03 mg，CO释放量变化0.8 mg，但水分变化较大，极差为0.41 mg，极差偏差达到18.4%。因此，卷烟纸含麻量变化对该组样品的焦油、烟碱和CO无影响，但对水分有一定影响。

表5-1 卷烟纸含麻量对卷烟常规烟气成分的影响

含麻量	焦油/(毫克/支)	烟碱/(毫克/支)	水分/(毫克/支)	CO/(毫克/支)
0%	11.5	0.94	2.42	12.4
20%	11.3	0.94	2.22	11.8
40%	11.5	0.95	2.27	12.0
60%	11.4	0.92	2.01	11.6
极差偏差	1.8%	3.2%	18.4%	6.7%

5.1.3 卷烟纸碳酸钙变化对卷烟常规烟气成分的影响

考察了不同碳酸钙形态、碳酸钙粒径和碳酸钙含量对卷烟常规烟气成分的影响情况，实验数据列于表5-2中。从表5-2中的数据可以看出：碳酸钙形态、碳酸钙粒径对卷烟焦油、烟碱、水分和CO的影响极小；碳酸钙含量对焦油、烟碱和CO无影响，对水分有一定的影响，碳酸钙含量为32%时，烟气水分较多；碳酸钙含量为36%时，烟气水分较少。

表5-2 卷烟纸碳酸钙变化对卷烟常规烟气成分的影响

参数		焦油/(毫克/支)	烟碱/(毫克/支)	水分/(毫克/支)	CO/(毫克/支)
碳酸钙形态	固态	12.0	1.01	1.98	13.4
	液态	12.2	1.06	2.02	13.4
	极差偏差	1.7%	4.8%	2.0%	0.0%

续表

参数		焦油/(毫克/支)	烟碱/(毫克/支)	水分/(毫克/支)	CO/(毫克/支)
固态碳酸钙粒径	大粒径	12.2	1.02	1.84	13.4
	小粒径	12.0	1.01	1.98	13.4
	极差偏差	1.7%	1.0%	7.3%	0.0%
液态碳酸钙粒径	大粒径	12.3	1.05	2.04	14
	小粒径	12.2	1.06	2.02	13.4
	极差偏差	0.8%	0.9%	1.0%	4.4%
碳酸钙含量	28%	11.1	0.98	2.15	13.2
	32%	11.8	1.02	2.56	13
	36%	11.7	0.98	2.04	13.2
	极差偏差	6.1%	4.0%	23.1%	1.5%

5.1.4 卷烟纸罗纹变化对卷烟常规烟气成分的影响

考察了不同罗纹形式、罗纹深浅和压纹方式对卷烟常规烟气成分的影响情况，实验数据列于表5-3中。从表5-3中的数据可以看出：罗纹深浅和压纹方式对卷烟焦油、烟碱、水分和CO的影响基本无影响；罗纹形式对CO有较大影响，采用竖罗纹方式CO释放量较高，采用无罗纹方式CO释放量较低。其原因可能是无罗纹卷烟纸表面较疏松，易于气态小分子的扩散。

表5-3 卷烟纸罗纹变化对卷烟常规烟气成分的影响

参数		焦油/(毫克/支)	烟碱/(毫克/支)	水分/(毫克/支)	CO/(毫克/支)
罗纹形式	横罗纹	11.5	0.96	2.09	12.9
	竖罗纹	11.9	1.00	2.09	13.8
	无罗纹	11.5	0.96	2.12	12.6
	极差偏差	3.4%	4.1%	1.4%	9.2%
罗纹深浅(横)	深罗纹	11.5	0.96	2.09	12.9
	浅罗纹	12.0	1.02	1.94	12.8
	极差偏差	4.3%	6.1%	7.4%	0.8%

续表

参　　数		焦油/(毫克/支)	烟碱/(毫克/支)	水分/(毫克/支)	CO/(毫克/支)
罗纹深浅(竖)	深罗纹	11.9	1.00	2.09	13.8
	浅罗纹	11.6	1.00	1.93	13.0
	极差偏差	2.6%	0.0%	8.0%	6.0%
压纹方式	28%	11.5	0.96	2.09	12.9
	32%	11.6	0.99	2.04	13.0
	极差偏差	0.9%	3.1%	2.4%	0.8%

5.1.5 卷烟纸助剂变化对卷烟常规烟气成分的影响

5.1.5.1 卷烟纸助燃剂种类

比较了4种卷烟纸添加剂对烟气常规成分的影响情况(见表5-4),分析极差可以看出:添加剂种类对烟气常规成分有不同的程度影响。同比常用的柠檬酸助燃剂,苹果酸易造成焦油、烟碱和CO上升;酒石酸易造成焦油、烟碱、水分和CO下降;乳酸易造成水分下降,但其他指标相当。

表5-4 卷烟纸罗纹变化对卷烟常规烟气成分的影响

	参　　数	焦油/(毫克/支)	烟碱/(毫克/支)	水分/(毫克/支)	CO/(毫克/支)
酸根类型	柠檬酸根	11.6	1.00	2.31	12.7
	苹果酸根	12.8	1.09	2.20	13.7
	乳酸根	11.6	1.02	1.91	12.6
	酒石酸根	11.3	0.99	2.03	11.3
	极差偏差	12.7%	9.8%	18.9%	19.1%

5.1.5.2 卷烟纸助燃剂钾钠比

比较了卷烟纸助燃剂钾钠比对烟气常规成分的影响情况,从图5-1可以看出:助燃剂钾钠比对烟气常规成分有不同程度的影响。随着助燃剂中钾含量的增大,烟气中焦油、烟碱和CO呈现下降趋势,且CO的降幅大于焦油和烟碱的降幅;但烟气中水分含量呈现波动式变化规律。

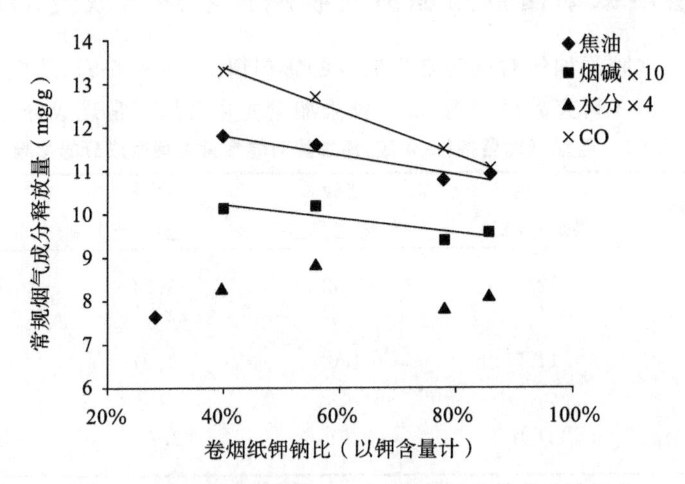

图5-1 卷烟纸助燃剂钾钠比对卷烟常规烟气成分的影响

5.1.5.3 卷烟纸助燃剂含量

比较了卷烟纸助燃剂含量对卷烟常规烟气成分的影响情况，从图5-2中可以看出：助燃剂含量对烟气常规成分有不同程度影响。随着助燃剂含量的增大，烟气中焦油、烟碱和CO呈现下降趋势；烟气中水分含量有变化，但总体上变化幅度较小。

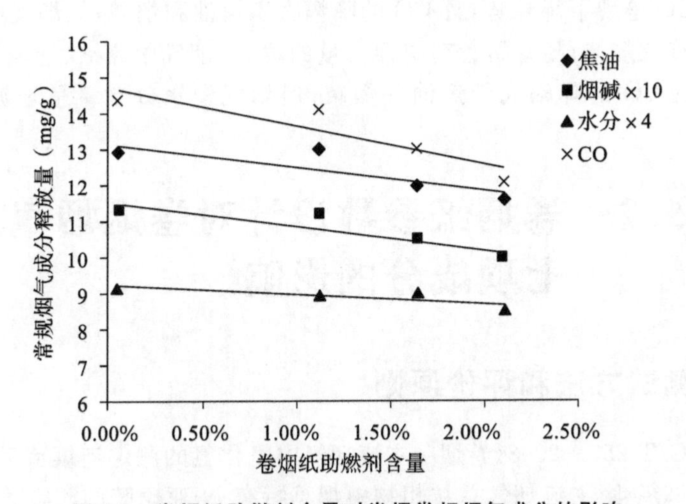

图5-2 卷烟纸助燃剂含量对卷烟常规烟气成分的影响

5.1.6 卷烟纸助留剂添加量对卷烟常规烟气成分的影响

比较了瓜尔胶添加量对烟气常规成分的影响情况(见表5-5),从极差偏差值可以看出:总体上,在研究的范围内,瓜尔胶添加量变化对烟气常规成分影响不大。

表5-5 卷烟纸助留剂(瓜尔胶)添加量对卷烟常规烟气成分的影响

含麻量	焦油/(毫克/支)	烟碱/(毫克/支)	水分/(毫克/支)	CO/(毫克/支)
5%	12.0	1.02	1.94	12.8
8%	11.7	1.0	1.87	12.8
极差偏差	2.5%	2.0%	3.7%	0.0%

5.1.7 小结

(1) 卷烟纸含麻量、碳酸钙参数变化、罗纹参数变化和助留剂含量变化对卷烟常规烟气中的焦油、烟碱和CO影响较小,部分参数变化对水分影响较大。

(2) 卷烟纸助燃剂的变化对烟气常规成分释放量的影响较大。同比常用的柠檬酸助剂,苹果酸易造成焦油、烟碱和CO上升;酒石酸造成焦油、烟碱、水分和CO下降;乳酸造成水分下降,但其他指标相当;随着助燃剂中钾含量的增大,烟气中焦油、烟碱和CO呈现下降趋势,且CO的降幅大于焦油和烟碱;但烟气中水分含量呈现波动式变化规律;随着助燃剂中钾含量的增大,烟气中焦油、烟碱和CO呈现下降趋势,且CO的降幅大于焦油和烟碱;但烟气中水分含量呈现波动式变化规律。

5.2 卷烟纸参数设计对卷烟烟气七项成分的影响

5.2.1 测试方法和评价原则

依据YC/T 253—2008《卷烟 主流烟气中氰化氢的测定连续流动法》、GB/T 23228—2008《卷烟 主流烟气总粒相物中烟草特有*N*-亚硝胺的测定 气相色谱-热能分析联用法》、GB/T 21130—2007《卷烟 烟气总粒相物中苯并[a]芘的测定》、YC/T 255—2008《卷烟 主流烟气中主要酚类化合物的测定 高效液相色谱法》、

YC/T 254—2008《卷烟　主流烟气中主要羰基化合物的测定高效液相色谱法》、YC/T 377—2017《卷烟　主流烟气中氨的测定 离子色谱法》进行七项成分的测定。

5.2.2　卷烟纸含麻量对卷烟烟气七项成分的影响

使用麻浆卷烟纸的卷烟燃烧后木质气较少，在卷烟的香气透发、余味纯净上更能反映卷烟本来的味道，因此卷烟产品使用麻浆卷烟纸的比例越来越大，尤其是中高档卷烟。开展亚麻配比与卷烟烟气指标的研究，已成为烟草行业研究的一个热点。实验考察了卷烟纸不同亚麻配比对烟气七项成分的影响。图 5-3 中的实验数据表明：

(1) 卷烟纸亚麻含量对 NNK 和苯酚有极显著影响($R^2>0.9$)；对 HCN 和 H 值(危害指数)有显著影响($0.9>R^2>0.5$)；对其他成分无显著影响。

(2) 随着卷烟助燃剂含量的增加，苯酚呈下降趋势；NNK 呈上升趋势，其他成分变化极小。

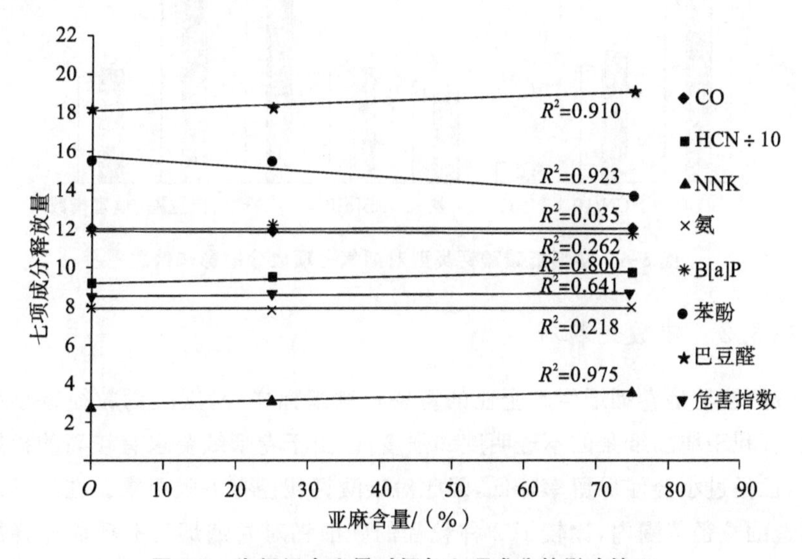

图 5-3　卷烟纸含麻量对烟气七项成分的影响情况

5.2.3　卷烟纸碳酸钙对卷烟烟气七项成分的影响

5.2.3.1　碳酸钙类型形态

目前，固态碳酸钙和液态碳酸钙在国内各卷烟纸厂均有使用。其中固态碳酸钙运输成本低；而液态碳酸钙由于没有经过干燥工序、机械摩擦和撞击，充分保留了自然形成的晶型，其形态和大小更趋于一致，所制备的卷烟纸质量稳定性更优。

本研究中比较了固态碳酸钙和液态碳酸钙对烟气七项成分释放量的影响情况，结果如图 5-4 所示。可知：①同比固态碳酸钙卷烟纸，采用液态碳酸钙卷烟纸的卷烟样品烟气中 CO、HCN、氨、苯并[a]芘、苯酚、巴豆醛和 H 值均有不同程度降低，其中 HCN 和巴豆醛的降幅较为明显，NNK 释放量基本不变；②由于液态碳酸钙没有经过机械摩擦和碰撞，晶体碎屑较少，其晶型端部保留了原始的钝尖状态，因此成纸后更加柔软、松厚、燃烧性能提高，有助于气相物的扩散和降低卷烟抽吸口数，因此相应卷烟烟气中大部分七项成分的释放量下降，H 值也降低。

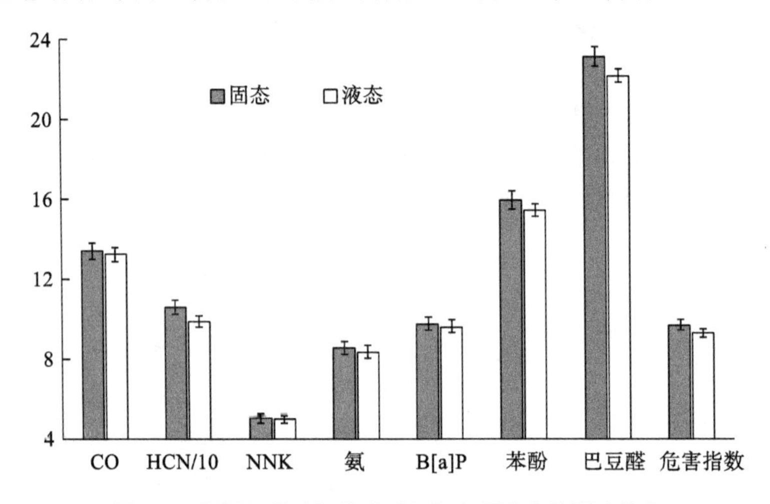

图 5-4 卷烟纸碳酸钙类型对烟气七项成分的影响情况

5.2.3.2 碳酸钙粒径

碳酸钙粒径是卷烟纸生产企业的重要控制指标之一，碳酸钙粒径越小比表面积越大，有利于增加纸张的不透明度和强度；但由于卷烟纸要求有较高的松厚度和孔隙度，粒径过小会使保留率降低，因此对碳酸钙粒径有下限要求。在卷烟纸企业原料可选的粒径范围内，比较了 2 种粒径的碳酸钙对卷烟烟气七项成分释放量的影响，结果如图 5-5 所示。从图 5-5 中可以看出：①不论固态、液态碳酸钙，采用大粒径碳酸钙有利于降低卷烟烟气 CO、HCN 和巴豆醛释放量以及 H 值，其中 HCN 和巴豆醛的变化较明显；②碳酸钙粒径变化对烟气 NNK、氨、B[a]P 和苯酚释放量基本无影响；③大粒径碳酸钙的比表面积较小，在纸层中形成的自然孔隙大，有利于提高气相物如 CO、HCN 和巴豆醛的扩散；④小粒径碳酸钙的比表面积较大，覆盖能力强，容易阻塞自然孔隙，不利于烟气气相物的扩散。本研究结果与恒丰纸业股份有限公司前期的研究结论一致。

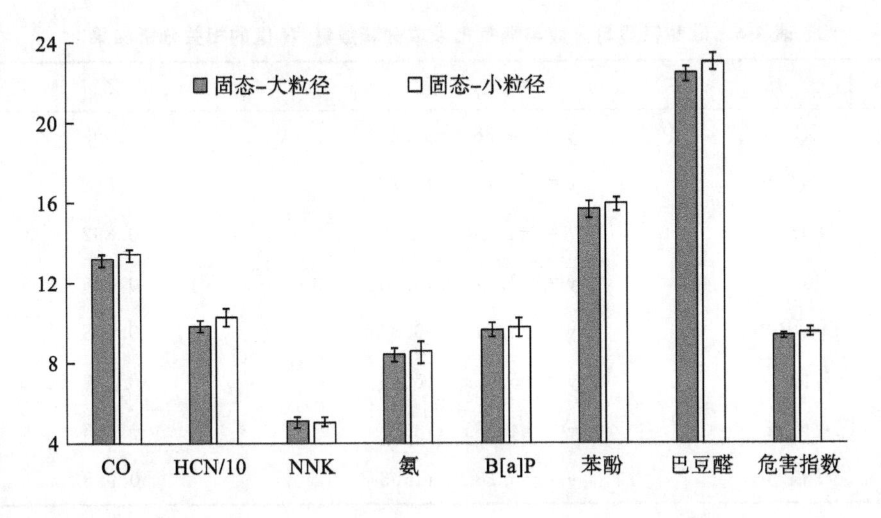

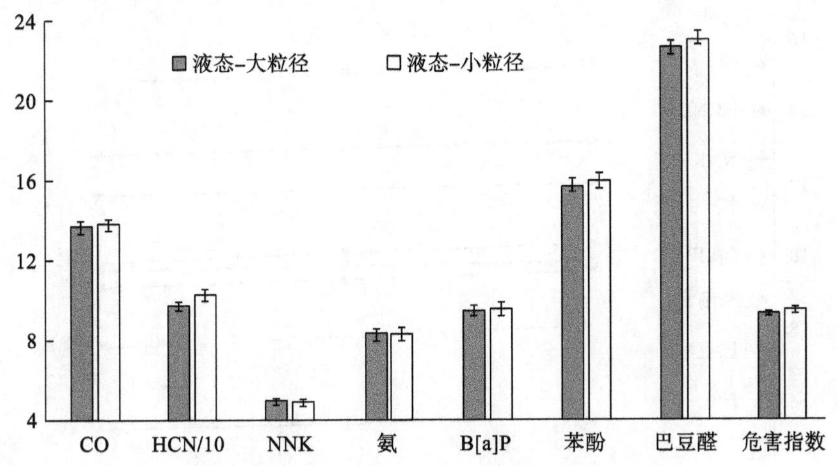

图 5-5　碳酸钙粒径对烟气七项成分释放量和 H 值的影响

5.2.3.3　碳酸钙含量

碳酸钙质量分数是影响卷烟纸质量的重要指标之一。采用线性回归法分析了卷烟纸碳酸钙质量分数变化对烟气七项成分释放量的影响，结果如图 5-6 和表 5-6 所示。从图 5-6 和表 5-6 中可以看出：①卷烟纸碳酸钙质量分数与烟气七项成分释放量呈显著相关关系，相关系数>0.8；②随着碳酸钙质量分数增高，烟气中七项成分释放量呈下降趋势，其中 HCN、氨、苯酚和 H 值降幅较明显。

文献研究表明：卷烟纸中碳酸钙质量分数增大，会增加炭化线附近卷烟纸微孔的孔容，使完全热裂解区域与未完全热裂解区域内卷烟纸的微孔数目均明显增多，因此可促进主流烟气成分向侧流烟气中扩散，因此可有效降低卷烟的 H 值。

表 5-6 碳酸钙质量分数与烟气七项成分释放量、*H* 值的相关分析结果

指　标	相关方程	R^2
CO	$y=-4.38x+14.41$	0.993
HCN/10	$y=-6.76x+12.25$	0.982
NNK	$y=-2.50x+6.14$	0.892
氨	$y=-7.11x+10.03$	0.896
B[a]P	$y=-3.51x+10.87$	0.818
苯酚	$y=-5.63x+16.85$	0.948
巴豆醛/2	$y=-4.48x+13.28$	0.965
H 值	$y=-5.28x+11.06$	0.998

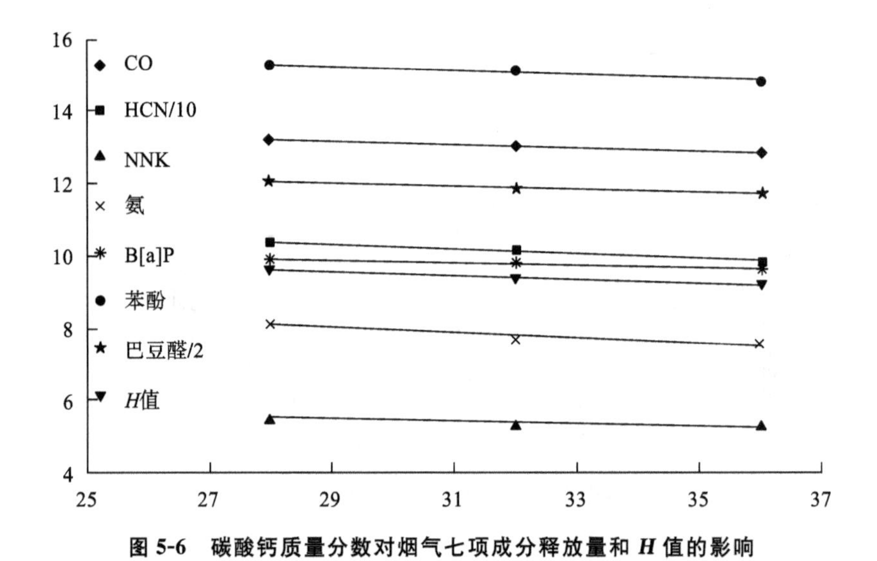

图 5-6 碳酸钙质量分数对烟气七项成分释放量和 *H* 值的影响

5.2.4 卷烟纸罗纹对卷烟烟气七项成分的影响

卷烟纸的罗纹是通过机械作用使纸面形成清晰、美观的细条纹。在卷烟纸生产过程中，卷烟纸的罗纹参数设置不同(在同一卷烟纸配方的前提下)，卷烟纸受到压纹辊的压力不同，卷烟纸厚度或紧度等方面会发生改变。因此，在卷烟燃烧时烟气透过卷烟纸与空气进行交换过程中路径会发生改变，紧度小时，烟气透过卷烟纸可能走直线；而紧度大时，烟气透过卷烟纸可能走曲线。所以造成烟气扩散及时性有差异，最终造成卷烟烟气成分释放量存在差异。

5.2.4.1　罗纹方式

常见的卷烟纸罗纹形式主要有纵向纹(竖罗纹)和横向纹(横罗纹),还有斜纹、波浪纹、宽罗纹等。在本研究中,选择竖罗纹、横罗纹和无罗纹(不压纹)卷烟纸作为研究对象,结果如表 5-7 所示。从表 5-7 中可以看出:①罗纹形式对烟气 CO、HCN、氨、B[a]P、苯酚、巴豆醛和 H 值均有影响,其中对 HCN、氨和苯酚影响较为显著;②采用无罗纹卷烟纸,烟气七项成分释放量和 H 值均最低。这可能是因为无罗纹卷烟纸表面没有经过机械挤压,纸张中的自然空隙保留完整,有利于烟气成分的扩散,因此相应的卷烟烟气七项成分释放量和 H 值较低。

表 5-7　不同罗纹形式卷烟纸卷烟样品烟气七项成分释放量和 H 值

罗纹形式	CO /(毫克/支)	HCN /(10 微克/支)	NNK /(纳克/支)	氨 /(微克/支)	B[a]P /(纳克/支)	苯酚 /(微克/支)	巴豆醛 /(微克/支)	H 值
横罗纹	12.9	12.1	5.6	10.0	10.1	16.2	23.6	10.1
竖罗纹	12.8	11.3	5.5	9.8	9.5	15.5	23.8	9.9
无罗纹	12.6	10.9	5.4	8.7	9.5	14.9	23.0	9.5

5.2.4.2　罗纹深度

罗纹深度是雕印机在卷烟纸表面所压印痕凹凸程度的立体表现,卷烟纸罗纹的深度已由浅罗纹逐步发展成为中等深度罗纹、深罗纹和超深罗纹。本研究中采用常用的反压方式,对比了常见的浅罗纹和深罗纹卷烟纸烟气七项成分释放量的差异,结果如表 5-8 所示。从表 5-8 中可以看出:在不同罗纹形式下,采用罗纹深度浅的卷烟纸,均有利于降低卷烟烟气 CO、HCN、苯酚、巴豆醛和 H 值,其中苯酚和巴豆醛的降幅较大。这可能是因为浅罗纹卷烟纸所受机械挤压小,纸张中的自然空隙保留较多,有利于烟气成分的扩散,因此相应的卷烟烟气七项成分释放量和 H 值较低。

表 5-8　不同罗纹深度卷烟纸对卷烟样品主流烟气七项成分释放量和 H 值的影响

罗纹形式	压纹强度	CO /(毫克/支)	HCN /(10 微克/支)	NNK /(纳克/支)	氨 /(微克/支)	B[a]P /(纳克/支)	苯酚 /(微克/支)	巴豆醛 /(微克/支)	H 值
竖罗纹(反压)	深	13.2	10.8	5.1	7.9	9.5	15.5	24.7	9.5
	浅	13.0	10.4	5.1	8.1	9.1	14.7	23.2	9.2

续表

罗纹形式	压纹强度	CO/(毫克/支)	HCN/(10微克/支)	NNK/(纳克/支)	氨/(微克/支)	B[a]P/(纳克/支)	苯酚/(微克/支)	巴豆醛/(微克/支)	H值
横罗纹	深	13.1	10.1	5.1	8.7	9.0	14.3	24.9	9.4
(反压)	浅	13.0	10.0	5.2	8.5	9.3	12.7	22.4	9.1

5.2.4.3 压纹方式

卷烟纸压纹方式分为正面压纹和反面压纹两种。反面压纹是纸幅的反面接触丝纹辊,而正面压纹是纸幅的正面接触丝纹辊。在罗纹深度一致的条件下,考察了卷烟纸压纹方式对烟气七项成分释放量的影响,结果如表5-9所示。从表5-9中可以看出:①采用正压的卷烟纸,烟气HCN、NNK、氨、B[a]P、苯酚和巴豆醛的释放量较小。②两种压纹方式下,CO的释放量基本一致。③正压卷烟纸的卷烟H值低于反压卷烟纸。其原因可能是:a. 在卷烟纸抄造过程中,纸幅正面堆积数量相同的长短纤维,填料碳酸钙均匀分布于纤维之间,此层面较为松厚;纸幅反面留有网子脱水的痕迹,细小纤维在此面多数流失,填料碳酸钙裸露出纸面,所以反面凹凸不平。b. 当丝纹辊压力作用于正面时,松厚的长短纤维层有足够的间隙变形;当丝纹辊压力作用于反面时,作用力主要压在长纤维和填料颗粒上,纤维发生形变的空间小。c. 要实现同一罗纹深度,卷烟纸在反压方式下受到的机械作用力要大,其纸张中的自然空隙保留较少,不利于烟气成分的扩散,因此其卷烟H值较高。

表5-9 不同罗纹压纹方式卷烟纸对卷烟样品主流烟气七项成分释放量和H值的影响

罗纹形式	压纹方式	CO/(毫克/支)	HCN/(10微克/支)	NNK/(纳克/支)	氨/(微克/支)	B[a]P/(纳克g/支)	苯酚/(微克/支)	巴豆醛/(微克/支)	H值
竖罗纹	反压	13.8	11.4	5.2	9.2	9.5	15.5	24.4	9.9
(深)	正压	13.8	9.5	5.0	8.7	9.0	14.6	23.2	9.3
横罗纹	反压	12.9	10.5	5.5	8.7	10.1	16.2	23.9	9.8
(深)	正压	13.0	10.1	5.0	8.6	9.0	14.3	23.6	9.3

5.2.5 卷烟纸助剂对卷烟烟气七项成分的影响

5.2.5.1 卷烟纸助燃剂种类

柠檬酸盐、苹果酸盐、乳酸盐和酒石酸盐是卷烟纸企业常用的助燃剂,不同的卷烟纸助燃剂的助燃效果各异，因此会对烟气七项成分释放量产生影响。比较了 4 种钾盐型卷烟纸添加剂对烟气七项成分释放量的影响，结果如图 5-7 所示。从图 5-7 中可以看出：①卷烟纸助燃剂酸根种类对烟气七项成分释放量均有影响，其中对 CO、NNK、B[a]P 和巴豆醛的释放量有较显著影响。②卷烟纸助燃剂酸根种类对烟气七项成分释放量影响规律不一致，采用柠檬酸钾或酒石酸钾作为卷烟纸助燃剂有利于降低烟气 CO、HCN、NNK、氨、B[a]P 的释放量以及 H 值；采用柠檬酸钾作为卷烟纸助燃剂有利于降低烟气中苯酚的释放量；酒石酸钾降低烟气巴豆醛释放量的效果最优，苹果酸钾和乳酸钾次之，柠檬酸钾最差。

相关研究表明：卷烟纸助燃剂变化不仅影响卷烟纸的扩散率，而且对卷烟的燃烧速率有影响；其中，柠檬酸钾作为卷烟纸常用助燃剂，具有表涂初始对扩散率影响小、加热后较大提升卷烟纸扩散率的特点，有利于降低烟气七项成分的含量。

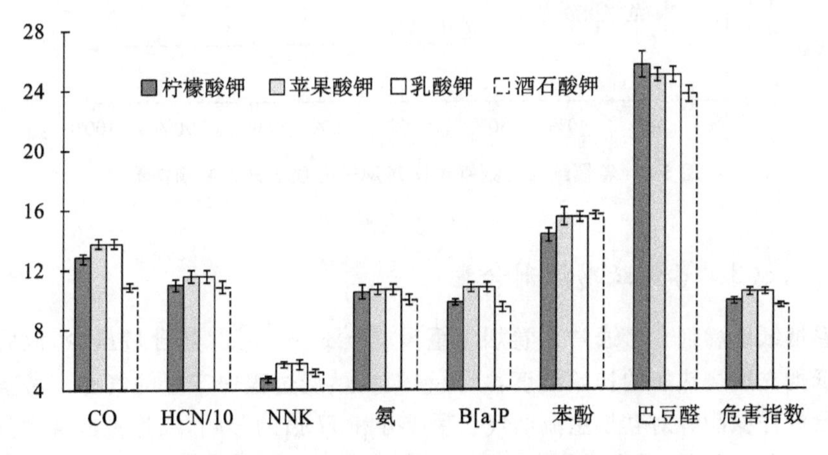

图 5-7　助燃剂酸根种类对烟气七项成分释放量和 H 值的影响

5.2.5.2　卷烟纸助燃剂钾钠比

作为助燃剂的柠檬酸钾和柠檬酸钠，虽然两种盐性质相似，但效果却有较大区别，钾盐性质更为活泼，助燃效果更好。研究显示：助燃剂阴离子相同时阳离子对焦油的影响不同。刘志华等人研究不同碱金属柠檬酸混合助燃剂对焦油和 CO 的影响，发现增加钾盐比例，减小钠盐比例，可以降低烟气焦油和 CO 的生成。本实验固定助燃剂的含量（以无水柠檬酸根计），考察不同比例的柠檬酸钾和柠檬酸钠对卷烟主流烟气七项成分和 H 值的影响，以钾含量与七项成分的释放量、H 值作线性回归，如图 5-8 所示，实验结果表明：①卷烟纸助燃剂含量对 CO、氨、B[a]P、苯酚、巴豆醛和 H 值有极显著影响（$R^2>0.9$），对 HCN 有显著影响（$0.9>R^2>0.5$），对 NNK 无影响；②随着卷烟助燃剂钾含量的增加，CO、HCN、氨、B[a]P、苯酚、巴豆醛和 H 值均呈下降趋势。

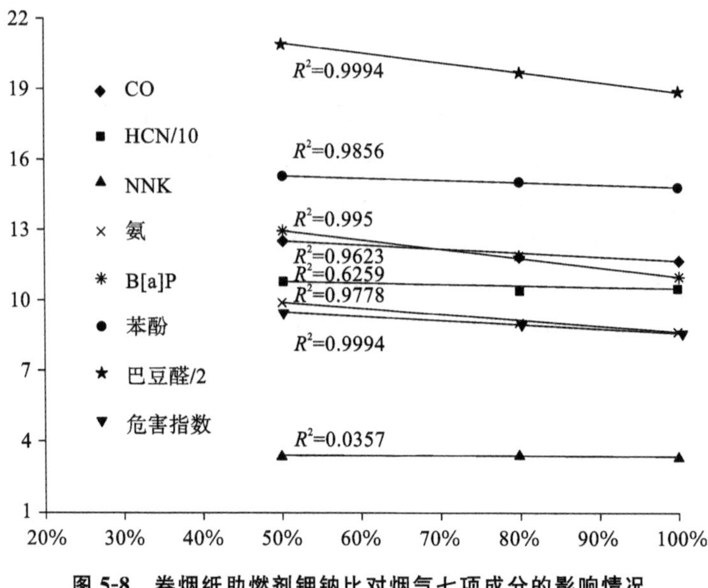

图 5-8 卷烟纸助燃剂钾钠比对烟气七项成分的影响情况

5.2.5.3 卷烟纸助燃剂含量

卷烟纸助燃剂含量通常占卷烟纸重量 0.5%～2.8%，其含量虽少，但助燃剂可降低烟支燃烧热解的初始温度，降低卷烟在燃烧过程中产生的气体。考查了不同含量的柠檬酸钾对卷烟主流烟气七项成分和 H 值的影响，以柠檬酸钾含量与七项成分的释放量、H 值作线性回归，如图 5-9 所示，结果表明：①卷烟纸助燃剂含量对 CO、HCN 和 H 值有极显著影响($R^2>0.9$)，对苯酚、B[a]P、氨、巴豆醛和 NNK 有显著影响($0.9>R^2>0.5$)。②随着卷烟助燃剂含量的增加，七项成分的释放量和卷烟 H 值均呈下降趋势。

5.2.6 卷烟纸瓜尔胶添加量对卷烟烟气七项成分的影响

由于卷烟纸薄，还需要加入一定质量分数的助留剂和增强剂，以减少纤维、填料的流失并提高成纸的强度。瓜尔胶是目前卷烟纸企业最常用的助留剂，不但具有优良的助留、助滤和增强效果，而且抄造的纸在燃烧时没有异味，满足卷烟用纸的需要。本试验采用瓜尔胶作为助留剂，在卷烟纸制造工艺可实施的范围内，比较了 0.5%和 0.8%两种助留剂质量分数对烟气七项成分释放量的影响，结果如表 5-10所示。从表 5-10 中可以看出：①助留剂质量分数对烟气七项成分释放量基本

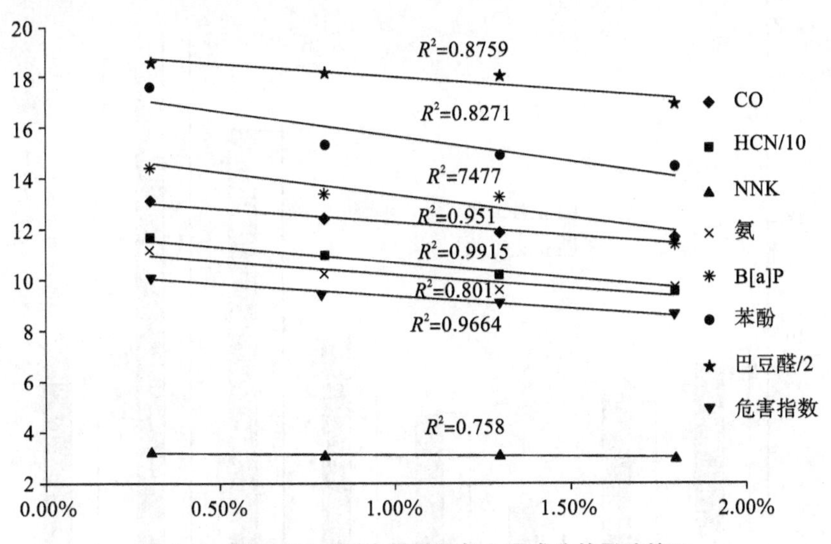

图 5-9　卷烟纸助燃剂含量对烟气七项成分的影响情况

无影响，在两种质量分数下，H 值基本一致。②瓜尔胶是碳水化合物，其化学组分为聚半乳糖甘露糖，不会改变卷烟燃烧状态；且其占卷烟纸成品的质量分数低，自身热解产物对烟气成分的贡献度极小。因此在考察的范围内，瓜尔胶质量分数对烟气七项成分无影响。

表 5-10　不同助留剂质量分数卷烟纸对卷烟样品烟气七项成分释放量和 H 值的影响

助留剂质量分数/(%)	CO /(毫克/支)	HCN /(10 微克/支)	NNK /(纳克/支)	氨 /(微克/支)	B[a]P /(纳克/支)	苯酚 /(微克/支)	巴豆醛 /(微克/支)	H 值
0.5	12.8	10.1	5.7	9.2	10.9	14.3	24.3	9.8
0.8	12.8	9.9	5.5	9.0	11.2	14.1	24.7	9.8

5.2.7　工艺参数变化对卷烟烟气七项成分的影响

比较了卷烟纸制备工序对烟气七项成分的影响情况，从试验数据中可以看出：采用工艺优化后的卷烟纸，烟气中 CO、NNK、氨、B[a]P 和巴豆醛的释放量降低，HCN 的释放量升高；苯酚基本不变；卷烟 H 值有所下降(见图 5-10)。

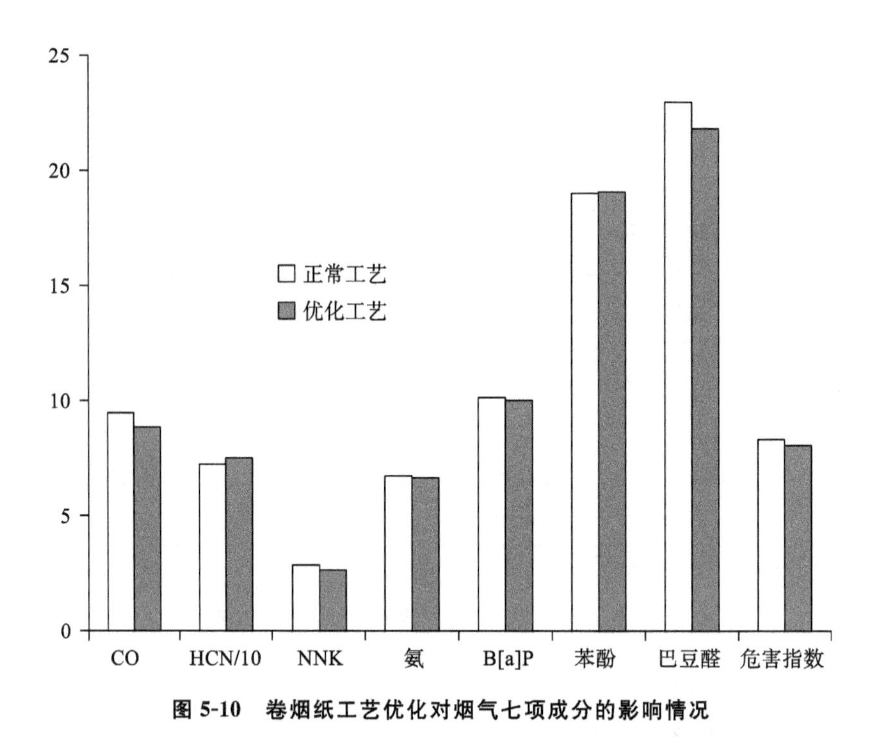

图 5-10 卷烟纸工艺优化对烟气七项成分的影响情况

5.3 卷烟纸设计参数对卷烟感官质量的影响

5.3.1 卷烟纸含麻量对卷烟感官质量的影响

8 个专业性评委考察了 4 种不同亚麻含量卷烟纸的感官质量(见表 5-11 和表 5-12)。研究结论如下:①对华丰纸厂提供的卷烟纸,评价结果为,随着含麻量的上升,感官质量呈现先上升后降低的趋势。②对民丰纸厂提供的卷烟纸,评价结果为:随着含麻量的上升,感官质量整体呈现降低的趋势。③通过横向比对可以发现,对该试验卷烟,华丰纸业提供纸样的感官评价结果优于民丰纸业。

表 5-11 不同卷烟纸含麻量的卷烟感官评价结果(华丰)

评析人员	样品编号	含麻量/(%)	香气	杂气	协调	烟气状态	刺激	干燥	余味	总分
评委 1	HF2-1	0%	8	8	8	7.5	7.5	7.5	7.5	54.0
	HF2-2	20%	8.5	8	8	8	7.5	7.5	8	55.5
	HF2-3	40%	8.5	8	8.5	8.5	7.5	8	8	57.0
	HF2-4	60%	8	8	8	8	7.5	7.5	7.5	54.5

续表

评析人员	样品编号	含麻量/(%)	香气	杂气	协调	烟气状态	刺激	干燥	余味	总分
评委2	HF2-1	0%	8.5	8	8	8	8	8	8	56.5
	HF2-2	20%	8	8	8	8	8	8	7.5	55.5
	HF2-3	40%	8.5	8	8	8	7.5	8	8	56.0
	HF2-4	60%	8.5	8	8	8	8	8	8	56.5
评委3	HF2-1	0%	8	7.5	7.5	8	7.5	7.5	7.5	53.5
	HF2-2	20%	8.5	8	8	8	7.5	7.5	8	55.5
	HF2-3	40%	8.5	8	8	8	7.5	8	8	56.0
	HF2-4	60%	8	7.5	7.5	8	7.5	7.5	7.5	53.5
评委4	HF2-1	0%	8.5	8.5	8	8	8	8	8	57.0
	HF2-2	20%	8	8	8	7.5	8	8	8	55.5
	HF2-3	40%	8.5	8.5	8	8	8	8	8	57.0
	HF2-4	60%	8	8	8	8	8	7.5	7.5	55.0
评委5	HF2-1	0%	8	8	8	8	8	8	8	56.0
	HF2-2	20%	8	8	8	8	8	8	8	56.0
	HF2-3	40%	8.5	8	8	8	8	8	8	56.5
	HF2-4	60%	8.5	8	8	8	8	8	8	56.5
评委6	HF2-1	0%	8	8	8	8	7.5	8	8	55.5
	HF2-2	20%	8.5	8	8	7.5	7.5	8	7.5	55.0
	HF2-3	40%	8	8	8	8	8	8	8	56.0
	HF2-4	60%	8.5	8	8	8.5	8	8	8	57.0
评委7	HF2-1	0%	8.5	8	8	8.5	8.5	8.5	8	58.0
	HF2-2	20%	8.5	8.5	8	8	8	8	8	57.0
	HF2-3	40%	8.5	8.5	8	8.5	8.5	8.5	8.5	59.0
	HF2-4	60%	8.5	8.5	8	8.5	8	8	8	57.5
评委8	HF2-1	0%	8	8	8	8	7.5	7.5	8	55.0
	HF2-2	20%	8.5	8	8	7.5	8	7.5	8	55.5
	HF2-3	40%	8.5	8	8	8	8	8	8	56.5
	HF2-4	60%	8.5	8	8	8	7.5	7.5	7.5	55.0
总体平均	HF2-1	0%	8.2	8.0	7.9	8.0	7.8	7.9	7.9	55.7
	HF2-2	20%	8.3	8.1	8.0	7.8	7.8	7.8	7.9	55.7
	HF2-3	40%	8.4	8.1	8.1	8.1	7.9	8.1	8.1	56.8
	HF2-4	60%	8.3	8.0	7.9	8.1	7.8	7.8	7.8	55.7

表 5-12　不同卷烟纸含麻量的卷烟感官评价结果(民丰)

评析人员	样品编号	含麻量/(%)	香气	杂气	协调	烟气状态	刺激	干燥	余味	总分
评委 1	MF2-1	0%	7.5	7	7.5	7.5	7.5	7	7	51.0
	MF2-2	20%	7.5	7	7	7.5	7	7	7	50.0
	MF2-3	40%	7.5	7.5	7.5	7.5	7.5	7	7	51.5
	MF2-4	60%	7.5	7	7.5	7	7	7	7	50.0
评委 2	MF2-1	0%	8	8	8	8	7.5	7.5	7.5	54.5
	MF2-2	20%	8.5	8	8	8.5	8	8	8	57.0
	MF2-3	40%	7.5	7.5	8	7.5	8	8	7.5	54.0
	MF2-4	60%	8	8	8	8	8	7.5	7.5	55.0
评委 3	MF2-1	0%	8.5	8	8	8	7.5	7.5	7.5	55.0
	MF2-2	20%	8.5	8	8.5	8	8	7.5	8	56.5
	MF2-3	40%	8	8	8	8	7.5	7.5	7.5	54.5
	MF2-4	60%	8	7.5	8	8	7.5	7	7.5	53.5
评委 4	MF2-1	0%	8	8	8	7.5	7	7	7.5	53.0
	MF2-2	20%	7.5	7.5	7.5	7	7	7	7	50.5
	MF2-3	40%	8	7.5	7.5	7.5	7.5	7.5	7.5	53.0
	MF2-4	60%	7	7	7.5	7.5	7.5	7	7	50.5
评委 5	MF2-1	0%	8	8	8	8	7.5	7.5	7.5	54.5
	MF2-2	20%	8	7.5	8	8	7	7.5	7.5	53.5
	MF2-3	40%	8	7.5	8	8	7	7.5	7.5	53.5
	MF2-4	60%	7.5	7.5	8	8	7	7	7	52.0
评委 6	MF2-1	0%	8.5	8	8	8	7.5	7.5	7	54.5
	MF2-2	20%	8.5	8	8	8	7.5	7.5	7.5	55.0
	MF2-3	40%	8	7.5	7.5	8	7.5	7.5	7	53.0
	MF2-4	60%	7.5	7.5	7	8	7.5	7	7	51.5
评委 7	MF2-1	0%	8.5	8	8	8	8	8	8	56.5
	MF2-2	20%	8	8	8	8	8	8	7.5	55.5
	MF2-3	40%	8.5	8.5	8	8	8	8	8	57.0
	MF2-4	60%	8	8	8	8	7.5	7.5	7.5	54.5

续表

评析人员	样品编号	含麻量/(%)	香气	杂气	协调	烟气状态	刺激	干燥	余味	总分
评委 8	MF2-1	0%	8.5	8	8	8	7.5	7	7	54.0
	MF2-2	20%	8.5	8	8	8	7.5	7.5	7.5	55.0
	MF2-3	40%	8	7.5	8	8	7	7.5	7.5	53.5
	MF2-4	60%	8	8	8	8	7	7.5	7.5	54.0
总体平均	MF2-1	0%	8.2	7.9	7.9	7.9	7.5	7.4	7.4	54.1
	MF2-2	20%	8.1	7.8	7.9	7.9	7.5	7.5	7.5	54.1
	MF2-3	40%	7.9	7.7	7.8	7.8	7.5	7.6	7.4	53.8
	MF2-4	60%	7.7	7.6	7.8	7.8	7.4	7.2	7.3	52.6

然而，通过以上简单加和总分的分析，不能反映出亚麻含量对单个指标的影响程度，因此采用主成分权重分析了 7 个指标在总体感官质量中的相对重要程度。并基于权重分析的结果，重新计算各个指标的分值，并进行极差分析，进而筛选出受亚麻含量影响程度较大的指标。从表 5-13、表 5-14 和图 5-11 中可以看出，原始数据的极差分析结果和主成分权重分析后的极差分析结果有较大差异。在第一种分析方式中，烟气状态、干燥和余味 3 个指标受亚麻含量影响较大，且影响程度一致；在第二种分析方式中，余味影响程度最大，其次是香气、协调和干燥 3 个指标，这个结果与感官人员的评价结果更为接近。对民丰卷烟纸的感官评价结果也进行了相应的主成分权重分析，分析结果列于图 5-12 中。从结果来看，两家厂原始感官评价差值分析的差异较大，通过主成分权重分析后，两者的试验感官评价结果较为一致。从试验结果可知，卷烟纸亚麻含量对香气、干燥和余味有较大影响，对烟气状态和刺激影响极小。

表 5-13　主成分权重分析结果(华丰)

项　　目	指　　标	第一主成分	第二主成分
载荷数	香气	0.616	0.417
	杂气	0.746	0.251
	协调	0.552	0.626
	烟气状态	0.58	−0.25
	刺激	0.706	−0.526
	干燥	0.819	−0.318
	余味	0.812	−0.016

续表

项　目	指　标	第一主成分	第二主成分
主成分的特征根		4.831	0.184
KMO 值		0.79	
线性组合中的系数	香气	0.280 260 694	0.417
	杂气	0.339 406 62	0.251
	协调	0.251 142 7	0.626
	烟气状态	0.263 881 822	−0.25
	刺激	0.321 207 874	−0.526
	干燥	0.372 619 332	−0.318
	余味	0.369 434 551	−0.016
主成分的方差/(%)		48.628	15.269
综合得分模型中的系数	香气	0.312 936 289	
	杂气	0.318 280 735	
	协调	0.340 719 615	
	烟气状态	0.141 083 232	
	刺激	0.118 756 788	
	干燥	0.207 587 068	
	余味	0.277 330 068	
指标权重	香气	0.182	
	杂气	0.185	
	协调	0.198	
	烟气状态	0.082	
	刺激	0.069	
	干燥	0.121	
	余味	0.162	

表 5-14 基于主成分权重分析的感官评价结果(华丰)

样本	样品编号	含麻量/(%)	香气	杂气	协调	烟气状态	刺激	干燥	余味
原始样本	HF2-1	0%	8.2	8.0	7.9	8.0	7.8	7.9	7.9
	HF2-2	20%	8.3	8.1	8.0	7.8	7.8	7.8	7.9
	HF2-3	40%	8.4	8.1	8.1	8.1	7.9	8.1	8.1
	HF2-4	60%	8.3	8.0	7.9	8.1	7.8	7.8	7.8
		极差	0.2	0.1	0.2	0.3	0.1	0.3	0.3
主成分权重分析样本	HF2-1	0%	10.4	10.4	10.9	4.6	3.8	6.7	9.0
	HF2-2	20%	10.6	10.5	11.1	4.5	3.8	6.6	9.0
	HF2-3	40%	10.7	10.5	11.2	4.6	3.8	6.9	9.2
	HF2-4	60%	10.6	10.4	10.9	4.6	3.8	6.6	8.8
		极差	0.3	0.1	0.3	0.1	0	0.3	0.4

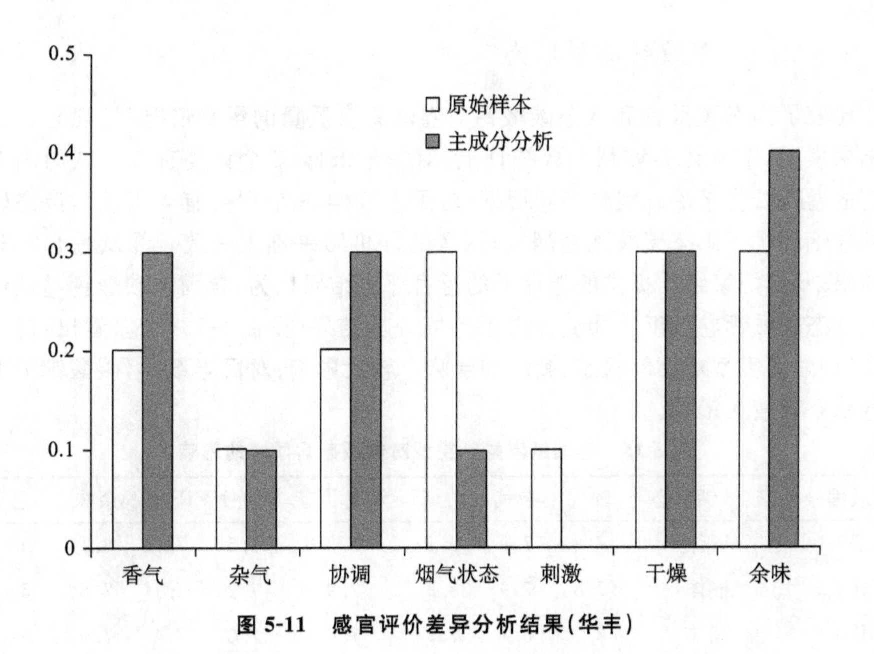

图 5-11 感官评价差异分析结果(华丰)

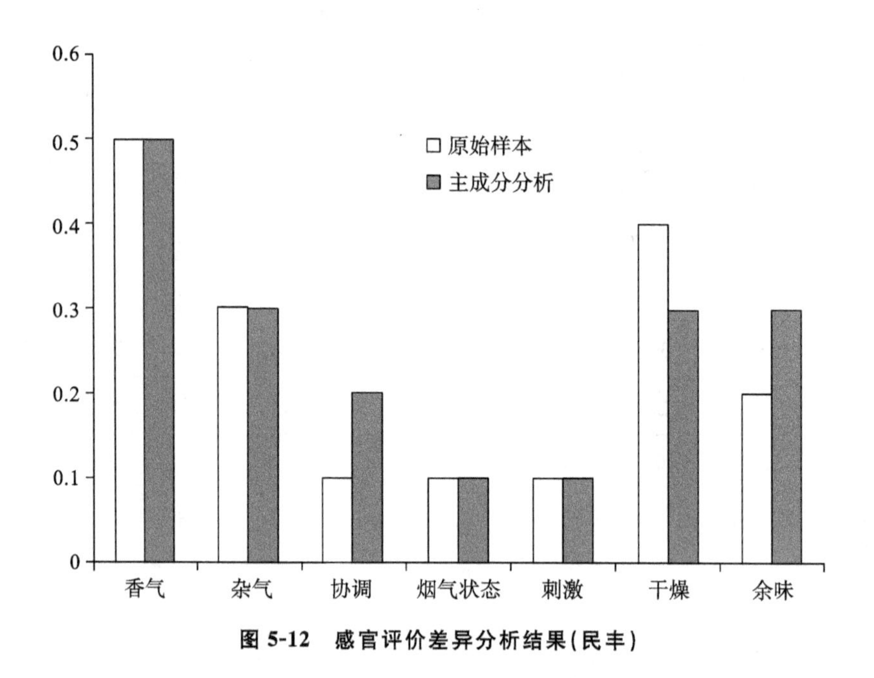

图 5-12 感官评价差异分析结果(民丰)

5.3.2 卷烟纸碳酸钙对卷烟感官质量的影响

5.3.2.1 碳酸钙类型形态

比较了固态碳酸钙和液态碳酸钙对卷烟感官质量的影响情况(见表 5-15),试验结果表明:①从评委评判人数统计上,对华丰纸样,8 个评委有 5 人认为固态碳酸钙的卷烟纸优于液态碳酸钙卷烟纸;对民丰纸样,8 个评委有 5 人认为液态碳酸钙的卷烟纸优于固态碳酸钙卷烟纸;两者的评价结果不太一致。②从综合得分平均结果来看,两家纸厂提供的卷烟纸的感官评价结果均为:含固态碳酸钙卷烟纸优于含液态碳酸钙卷烟纸。③从各指标差值分析结果(见图 5-13)可以看出:对华丰纸样,碳酸钙类型对烟气状态、刺激和余味有较大影响;对民丰纸样,碳酸钙类型对烟气状态有较大影响。

表 5-15 卷烟纸碳酸钙类型对卷烟感官质量的影响

样品编号	碳酸钙形态	香气	杂气	协调	烟气状态	刺激	干燥	余味	总分
HF3-1	固体	7.8	7.9	9.1	8.3	7.5	7.0	8.1	55.7
HF3-2	液体	7.8	7.9	8.9	7.9	7.2	7.1	7.8	54.6
MF3-1	固体	8.7	8.1	7.9	7.7	7.0	7.4	7.9	54.7
MF3-2	液体	8.5	8.0	7.9	7.6	7.0	7.6	7.9	54.5

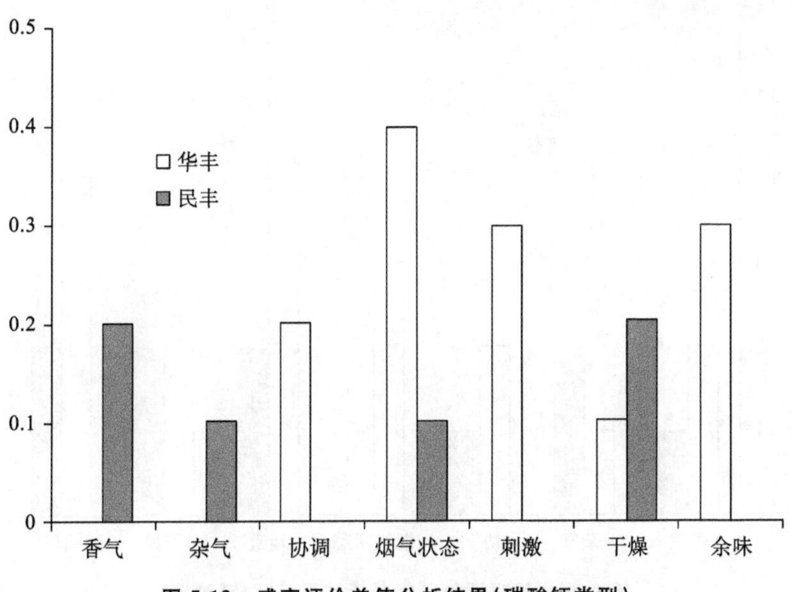

图 5-13 感官评价差值分析结果(碳酸钙类型)

5.3.2.2 碳酸钙粒径

比较了碳酸钙粒径对卷烟感官质量的影响情况(见表 5-16 和图 5-14),试验结果表明:①从评委评判人数统计上,8个评委有6人认为小粒径碳酸钙优于大粒径碳酸钙。②从综合得分平均结果来看,含小粒径碳酸钙卷烟纸优于含大粒径碳酸钙卷烟纸。③从各指标差值分析结果可以看出:碳酸钙粒径对烟气状态、刺激和余味有影响。

表 5-16 卷烟纸碳酸钙粒径对卷烟感官质量的影响

样品编号	粒径大小	香气	杂气	协调	烟气状态	刺激	干燥	余味	总分
HF3-3	固态——大	5.7	4.0	7.6	7.0	11.1	8.6	9.7	53.8
HF3-4	固体——小	5.9	4.1	7.8	7.3	11.6	8.7	10.1	55.5
HF3-5	液态——大	7.9	7.8	7.9	7.2	7.3	7.4	8.1	53.6
HF3-6	液态——小	8.0	8.0	8.0	7.2	7.5	7.6	8.3	54.6

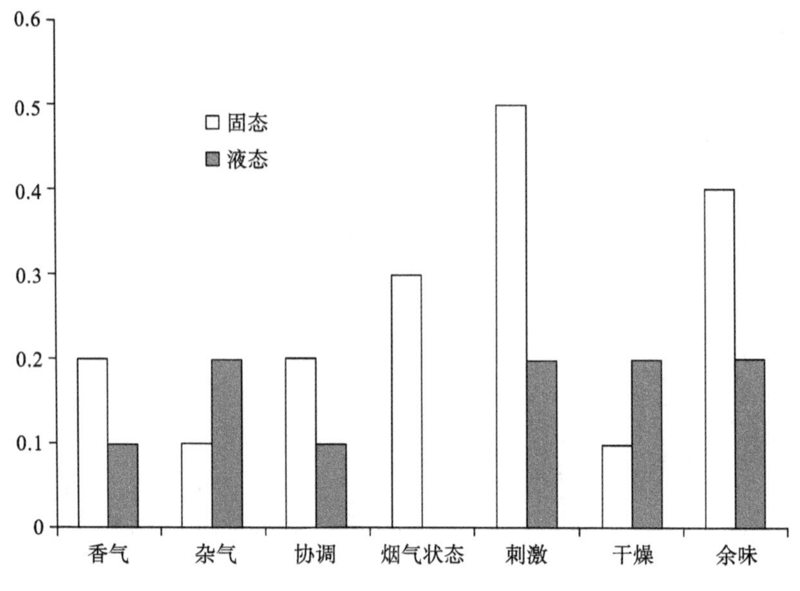

图 5-14 感官评价差值分析结果(碳酸钙粒径)

5.3.2.3 碳酸钙含量

比较了碳酸钙含量对卷烟感官质量的影响情况(见表 5-17),从试验结果可以看出:①从评委评判人数统计上来看,7 个评委有 6 人认为碳酸钙含量高,卷烟感官品质下降。②从综合得分平均结果来看,碳酸钙含量高,卷烟感官品质下降,与①结果一致。③从各指标差值分析结果可以看出:碳酸钙含量对协调有显著影响,对香气、杂气和烟气状态有较大影响。

表 5-17 卷烟纸碳酸钙含量对卷烟感官质量的影响

样品编号	碳酸钙含量/(%)	香气	杂气	协调	烟气状态	刺激	干燥	余味	总分
HF1-2	32	11.5	10.5	12.9	7.2	4.2	3.8	4.6	54.7
HF1-3	36	11.2	10.2	12.3	6.9	4.1	3.7	4.4	52.8
差值		0.3	0.3	0.6	0.3	0.1	0.1	0.2	

5.3.3 卷烟纸罗纹对卷烟感官质量的影响

5.3.3.1 罗纹方式

比较了 3 种罗纹形式对卷烟感官质量的影响情况(见表 5-18 和图 5-15),从试验结果可以看出：①从评委评判人数统计上来看，对华丰纸样，7个评委人数排序为竖罗纹(4)＞横罗纹(2)＞无罗纹(1)；对民丰纸样，7个评委人数排序为横罗纹(4)＞竖罗纹(3)＞无罗纹(0)；两者的评价结果不太一致。②从综合得分平均结果来看，两家纸厂提供的卷烟纸的感官评价总分结果为：华丰纸样综合得分竖罗纹＞横罗纹＞无罗纹；华丰纸样综合得分横罗纹＞竖罗纹＞无罗纹。③从各指标差值分析结果可以看出：对华丰纸样，罗纹形式对香气、杂气和余味有显著影响，对刺激和干燥有较大影响；对民丰纸样，罗纹形式对香气、杂气、协调、刺激、干燥和余味有显著影响，对刺激和干燥有较大影响；两类卷烟纸对烟气状态影响较小。

表 5-18　卷烟纸罗纹形式对卷烟感官质量的影响

样品编号	罗纹	香气	杂气	协调	烟气状态	刺激	干燥	余味	总分
HF5-1	横	8.3	8.3	7.5	7.0	8.0	8.0	8.7	55.8
HF5-2	竖	8.5	8.4	7.4	6.9	8.2	8.1	8.9	56.4
HF5-3	无	7.9	7.8	7.2	6.7	7.8	7.6	8.2	53.2
MF 5-1	横	8.2	8.5	8.0	7.0	8.1	8.4	7.7	55.9
MF 5-2	竖	8.2	8.2	7.8	7.0	7.7	8.1	7.5	54.5
MF 5-3	无	7.4	7.6	7.4	6.7	7.5	7.7	7.1	51.4

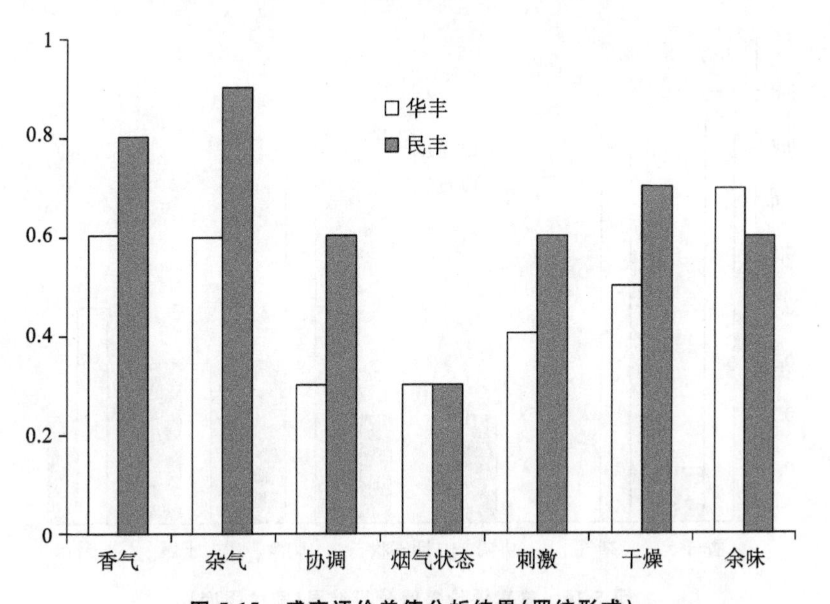

图 5-15　感官评价差值分析结果(罗纹形式)

5.3.3.2 罗纹深浅

分别比较了正压和反压方式下罗纹强度对卷烟感官质量的影响情况(见表5-19和图5-16),从试验结果可以看出:①从评委评判人数统计上来看,对正压纸样,7个评委有6人认为深罗纹大于浅罗纹;对反压纸样,7个评委有4人认为深罗纹大于浅罗纹;两者的评价结果较一致。②从综合得分平均结果来看,两家纸厂提供的卷烟纸的感官评价总分结果为:深罗纹大于浅罗纹;与①结论一致。③从各指标差值分析结果可以看出:对正压纸样,罗纹形式对香气、杂气、刺激和余味有显著影响,对干燥有较大影响;对反压纸样,罗纹形式对刺激和干燥有较大影响。

表5-19 卷烟纸罗纹强度对卷烟感官质量的影响

样品编号	罗纹强度	香气	杂气	协调	烟气状态	刺激	干燥	余味	总分
HF5-8	深——正压	12.0	12.7	1.1	2.3	11.8	7.8	7.2	54.9
HF5-9	浅——正压	11.2	12.0	1.1	2.3	11.1	7.5	6.8	52
MF 5-1	深——反压	8.4	7.9	7.2	7.5	8.0	8.9	8.0	55.9
MF 5-5	浅——反压	8.3	7.9	7.0	7.3	7.7	8.6	7.8	54.6

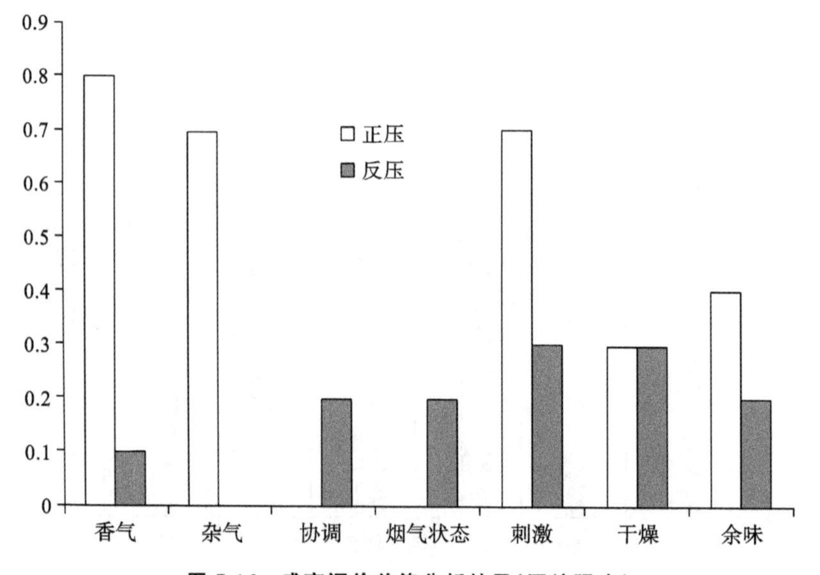

图5-16 感官评价差值分析结果(罗纹强度)

5.3.4 卷烟纸助燃剂对卷烟感官质量的影响

5.3.4.1 卷烟纸助燃剂种类

比较了4种卷烟纸助燃剂对卷烟感官质量的影响情况(见表5-20),从试验结果分析可以看出:助燃剂种类对感官质量有影响;同比常用的柠檬酸助剂,苹果酸、乳酸和酒石酸对卷烟感官质量有一定的负面影响。

从各指标差值分析结果可以看出:助燃剂种类对香气、杂气、协调、烟气状态和余味有较大影响;对刺激和干燥影响极小。

表5-20 卷烟纸助燃剂种类对卷烟感官质量的影响

样品编号	助燃剂类型	香气	杂气	协调	烟气状态	刺激	干燥	余味	总分
HF4-1	柠檬酸钾	8.6	8.5	8.4	8.3	5.9	7.3	8.6	55.6
HF4-2	苹果酸钾	8.5	8.5	8.5	8.1	5.8	7.3	8.6	55.3
HF4-3	乳酸钾	8.2	8.1	8.2	8.0	5.8	7.1	8.3	53.7
HF4-4	酒石酸钾	8.2	8.3	8.2	8.0	5.8	7.2	8.2	53.9
	极差	0.4	0.4	0.3	0.3	0.1	0.2	0.4	

5.3.4.2 卷烟纸助燃剂钾钠比

比较了卷烟纸助燃剂钾钠比对卷烟感官质量的影响情况(见表5-21),从试验结果分析可以看出:①从综合得分平均结果来看,卷烟纸助燃剂钾钠比上升,感官质量呈现"V"形变化,即呈下降—上升的趋势变化。②从各指标差值分析结果可以看出:卷烟纸添加剂钾钠比对香气、协调和余味有较大影响,对其他指标影响极小。

表5-21 卷烟纸助燃剂钾钠比对卷烟感官质量的影响

样品编号	钾钠比	香气	杂气	协调	烟气状态	刺激	干燥	余味	总分
HF4-6	78%	9.8	7.7	8.6	6.1	7.4	7.7	8.2	55.5
HF4-7	86%	9.6	7.7	8.3	6.0	7.5	7.5	7.7	54.3
HF4-8	40%	9.9	7.8	8.5	6.1	7.5	7.7	8.0	55.5
HF4-9	56%	9.6	7.6	8.5	6.0	7.3	7.5	7.7	54.2
	极差	0.3	0.2	0.3	0.1	0.2	0.2	0.5	

5.3.4.3 卷烟纸助燃剂含量

比较了卷烟纸助燃剂含量对卷烟感官质量的影响情况(见表5-22),从试验结果分析可以看出:①从综合得分平均结果,卷烟纸助燃剂含量上升,感官质量呈现"V"形变化,即下降—上升的趋势变化。②从各指标差值分析结果可以看出:卷烟纸助燃剂含量对刺激有较大影响,对其他指标影响极小。

表 5-22　卷烟纸助燃剂含量对卷烟感官质量的影响

样品编号	助燃剂量(以酸根离子计)	香气	杂气	协调	烟气状态	刺激	干燥	余味	总分
HF4-12	1.13%	7.6	13.4	13.2	10.1	9.4	2.0	0.3	56.0
HF4-13	2.11%	7.6	13.5	13.1	10.2	9.1	1.9	0.3	55.7
HF4-14	1.65%	7.6	13.3	13.0	10.1	9.3	1.9	0.3	55.5
	极差	0	0.2	0.2	0.1	0.3	0.1	0	

5.3.5　卷烟纸瓜尔胶添加量对卷烟感官质量的影响

比较了卷烟纸瓜尔胶添加量对卷烟感官质量的影响情况(见表 5-23),从试验结果分析可以看出:①从综合得分平均结果来看,卷烟纸瓜尔胶含量上升,感官质量有一定改善,但改善程度不大。②从各指标差值分析结果可以看出:卷烟纸瓜尔胶添加量变化对烟气七项指标影响较小。

表 5-23　卷烟纸瓜尔胶添加量对卷烟感官质量的影响

样品编号	瓜尔胶量/(%)	香气	杂气	协调	烟气状态	刺激	干燥	余味	总分
MF6-1	0.5	7.7	8.3	8.5	7.7	7.2	6.2	6.9	52.5
MF6-2	0.8	7.9	8.4	8.7	7.9	7.1	6.2	6.9	53.1
	差值	0.2	0.1	0.2	0.2	0.1	0	0	

5.3.6　工艺参数变化对卷烟常规烟气成分的影响

比较了卷烟纸工艺参数优化对卷烟感官质量的影响情况(见表 5-24),从试验结果分析可以看出:①从综合得分平均结果来看,通过卷烟工艺参数的优化,卷烟感官质量有一定的改善。②从各指标差值分析结果可以看出:通过卷烟工艺参数的优化,卷烟的香气、杂气、协调有所改善。

表 5-24　卷烟纸工艺参数优化对卷烟感官质量的影响

样品编号	工艺参数	香气	杂气	协调	烟气状态	刺激	干燥	余味	总分
MF4-13	正常	8.2	7.3	5.5	7.8	9.0	8.0	5.7	51.5

续表

样品编号	工艺参数	香气	杂气	协调	烟气状态	刺激	干燥	余味	总分
MF4-13(2)	优化	8.5	7.7	5.8	7.8	8.9	8.0	5.9	52.6
	差值	0.3	0.4	0.3	0	0.1	0	0.2	

5.4 卷烟纸设计参数对卷烟烟气 pH 值的影响

5.4.1 卷烟纸含麻量对卷烟烟气 pH 值的影响

检测结果(见表 5-25)表明:卷烟纸中的含麻量对卷烟烟气 pH 值有一定的影响。从图 5-17 可以看出,在卷烟 C 上分别使用含麻量为 20%、40%和 60%的卷烟纸后,卷烟烟气 pH 值呈上升趋势;而在卷烟 H 上使用不同含麻量的卷烟纸后,随着含麻量的增加,烟气 pH 值呈先上升后下降的趋势。

表 5-25 卷烟烟气 pH 值检测结果

样品编号	pH(C)	pH(H)
HF2-1	6.00	5.96
HF2-2	6.03	5.98
HF2-3	6.06	5.99
HF2-4	6.10	5.96
MF2-1	6.06	5.98
MF2-2	6.02	5.98
MF2-3	6.03	5.99
MF2-4	6.06	5.97

注:C 为卷烟 C;H 为卷烟 H,下同。

5.4.2 碳酸钙添加量对卷烟烟气 pH 值的影响

卷烟纸中碳酸钙含量从 28%增加至 36%,在卷烟 C 及卷烟 H 上应用后,从表 5-26 中的数据可以看出,与原样相比,样品卷烟烟气 pH 值略有下降,而不同的样品之间烟气 pH 值变化不明显。

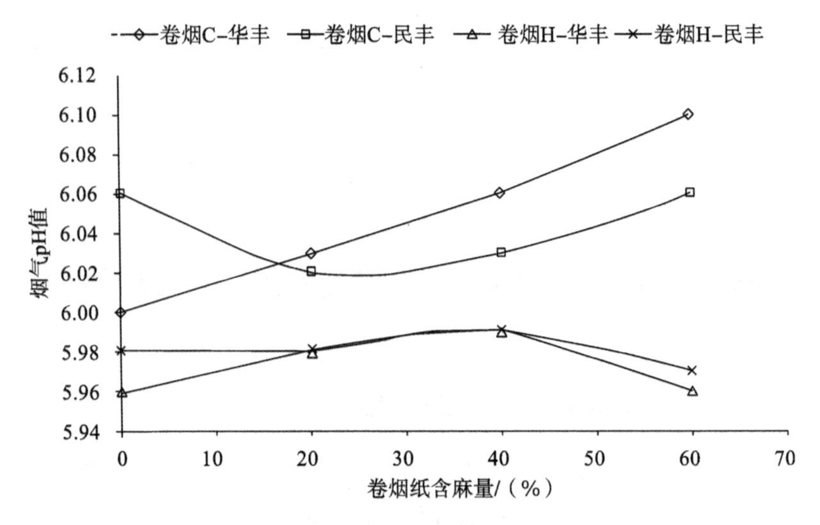

图 5-17 卷烟纸含麻量对卷烟烟气 pH 值的影响

表 5-26 卷烟烟气 pH 值检测结果

样品编号	pH 值(C)	pH 值(H)
HF1-1	5.98	5.96
HF1-2	5.99	5.97
HF1-3	5.98	5.97

5.4.3 不同碳酸钙形态和粒径对卷烟烟气 pH 值的影响

从检测结果(见表 5-27)来看:固体碳酸钙粒径的大小对 pH 值的影响较小,而使用液体碳酸钙后,随着粒径的增加,卷烟烟气 pH 值呈下降趋势;小粒径碳酸钙的形态(固体、液体)对卷烟烟气 pH 值影响不大,而采用大粒径碳酸钙时,固体形式的卷烟烟气 pH 值高于液体形式;pH 值的变化趋势在卷烟 C 及卷烟 H 两个规格的卷烟上存在相似性。

表 5-27 卷烟烟气 pH 值检测结果

样品编号	pH(C)	pH(H)
HF3-1	6.05	5.98
HF3-2	6.06	5.98
HF3-3	6.04	5.99
HF3-5	6.00	5.96
MF3-1	6.04	5.97
MF3-2	6.06	5.98

5.4.4 不同罗纹类型和强度对卷烟烟气 pH 值的影响

卷烟烟气 pH 值检测结果见表 5-28 所示。

表 5-28 卷烟烟气 pH 值检测结果

样品编号	pH(C)	pH(H)
HF5-1	6.06	5.99
HF5-2	6.02	5.98
HF5-3	6.05	6
HF5-4	6.06	6
HF5-5	6.03	6.01
HF5-6	6.01	5.99
HF5-7	6.05	6
HF5-8	6.03	5.98
HF5-9	6.02	5.97
MF 5-1	6.06	5.98
MF 5-2	6.08	5.94
MF 5-3	6.05	6.01
MF 5-4	6.05	6.02
MF 5-5	6.06	6.02
MF 5-6	6.05	6.02

表 5-29 中的数据为华丰不同罗纹强度的横罗纹卷烟纸在卷烟上使用后的烟气 pH 值检测结果，罗纹在正面时，不同强度对烟气 pH 值影响不大；罗纹在反面时，不同强度对卷烟 C 的烟气 pH 值有一定程度的影响，罗纹越深，烟气 pH 值越高。从表 5-30 中检测数据可以看出，不同罗纹强度的竖罗纹卷烟纸在卷烟上使用后对烟气 pH 值影响不大。

表 5-29 罗纹强度对卷烟烟气 pH 值的影响(华丰横罗纹)

样品编号	罗纹	强度	正反	pH(C)	pH(H)
HF5-1	横	深	反	6.06	5.99
HF5-5	横	浅	反	6.03	6.01
HF5-8	横	深	正	6.03	5.98
HF5-9	横	浅	正	6.02	5.97

表 5-30 罗纹强度对卷烟烟气 pH 值的影响(华丰竖罗纹)

样品编号	罗纹	强度	正反	pH(C)	pH(H)
HF5-2	竖	深	反	6.02	5.98
HF5-6	竖	浅	反	6.01	5.99

表 5-31 中的数据为民丰不同罗纹强度的卷烟纸在卷烟上使用后的烟气 pH 值的检测结果,从检测结果来看,罗纹深浅对烟气 pH 值具有一定的影响,但随着罗纹类型的改变及叶组配方的改变,pH 值的变化并无一致的规律。

表 5-31 罗纹强度对卷烟烟气 pH 值的影响(民丰)

样品编号	罗纹	强度	正反	pH(C)	pH(H)
MF 5-1	横	深	常规	6.06	5.98
MF 5-5	横	浅	常规	6.06	6.02
MF 5-2	竖	深	常规	6.08	5.94
MF 5-6	竖	浅	常规	6.05	6.02

表 5-32 中的数据为华丰不同罗纹类型的卷烟纸在卷烟上使用后的烟气 pH 值检测结果,检测结果表明:罗纹在反面时,使用横罗纹卷烟纸的卷烟烟气 pH 值稍高,罗纹在正面时,结果相反。

表 5-32 罗纹类型对卷烟烟气 pH 值的影响(华丰)

样品编号	罗纹	强度	正反	pH(C)	pH(H)
HF5-1	横	深	反	6.06	5.99
HF5-2	竖	深	反	6.02	5.98
HF5-5	横	浅	反	6.03	6.01
HF5-6	竖	浅	反	6.01	5.99
HF5-7	竖	深	正	6.05	6.00
HF5-8	横	深	正	6.03	5.98

表 5-33 中的数据为民丰不同罗纹类型的卷烟纸在卷烟上使用后的烟气 pH 值检测结果,罗纹类型的不同会造成卷烟烟气 pH 值的差异,这种差异在罗纹强度较深时表现更为明显,并且在不同的卷烟叶组上变化趋势不同。

表 5-33 罗纹类型对卷烟烟气 pH 值的影响(民丰)

样品编号	罗纹	强度	正反	pH(C)	pH(H)
MF 5-1	横	深	常规	6.06	5.98
MF 5-2	竖	深	常规	6.08	5.94

续表

样品编号	罗纹	强度	正反	pH(C)	pH(H)
MF 5-5	横	浅	常规	6.06	6.02
MF 5-6	竖	浅	常规	6.05	6.02

从表5-34中的数据可以看出：卷烟纸为横罗纹时，罗纹在反面，卷烟烟气pH值略高，而卷烟纸为竖罗纹时，罗纹在正面，卷烟烟气pH值略高。

表5-34 罗纹正反对卷烟烟气pH值的影响(华丰)

样品编号	罗纹	强度	正反	pH(C)	pH(H)
HF5-8	横	深	正	6.03	5.98
HF5-1	横	深	反	6.06	5.99
HF5-9	横	浅	正	6.02	5.97
HF5-5	横	浅	反	6.03	6.01
HF5-7	竖	深	正	6.05	6.00
HF5-2	竖	深	反	6.02	5.98

5.4.5 不同瓜尔胶添加量对卷烟烟气pH值的影响

表5-35中的检测结果可以看出，瓜尔胶用量对烟气pH值有一定的影响，华丰提供的卷烟纸在卷烟上使用后，瓜尔胶用量低时烟气pH值略高，这种变化在卷烟H上使用后更为明显。民丰提供的卷烟纸在卷烟C上使用后，烟气pH值基本无变化，在卷烟H上使用后，烟气pH值随瓜尔胶含量的降低而减小。由此也可以看出，罗纹的强度、正反及不同厂家卷烟纸的生产工艺可能对卷烟烟气pH值也存在一定的影响。

表5-35 卷烟烟气pH值检测结果

样品编号	pH(C)	pH(H)
HF6-1	6.03	6.01
HF6-2	6.01	5.95
MF6-1	6.06	5.98
MF6-2	6.06	6.03

5.4.6 不同助剂类型、助剂量以及钾钠比卷烟纸对卷烟烟气pH值的影响

卷烟烟气pH值检测结果见表5-36所示。

表 5-36　卷烟烟气 pH 值检测结果

样品编号	pH(C)	pH(H)
HF4-1	5.96	5.97
HF4-2	5.95	5.94
HF4-3	5.98	5.97
HF4-4	6.00	5.98
HF4-5	5.98	5.97
HF4-6	6.02	6.02
HF4-7	6.06	5.99
HF4-8	5.98	5.98
HF4-9	6.00	5.98
HF4-10	5.99	5.95
HF4-11	6.01	5.97
HF4-12	6.00	5.96
HF4-13	6.00	6.09
HF4-14	6.02	6.02

在卷烟纸上使用不同的助燃剂后，卷烟烟气 pH 值存在一定的差异。从表 5-37中的检测数据可以看出，在卷烟 C 和卷烟 H 的卷烟纸上添加不同的钾盐后，其中，添加苹果酸钾的卷烟烟气的 pH 值相对最低，这可能与苹果酸钾的酸性最强有关。

表 5-37　不同助燃剂对卷烟烟气 pH 值的影响

样品编号	助剂类型	pH(C)	pH(H)
HF4-1	柠檬酸钾	5.96	5.97
HF4-2	苹果酸钾	5.95	5.94
HF4-3	乳酸钾	5.98	5.97
HF4-4	酒石酸钾	6.00	5.98

从表 5-38 和图 5-18 中可以看出，随着助剂中钾钠比的降低，卷烟烟气呈先上升后下降的趋势。

表 5-38　助燃剂钾钠比对卷烟烟气 pH 值的影响

样品编号	钾钠比	pH(C)	pH(H)
HF4-5	1∶0	5.98	5.97

续表

样品编号	钾钠比	pH(C)	pH(H)
HF4-6	5：1	6.02	6.02
HF4-7	3：1	6.06	5.99
HF4-8	1：1	5.98	5.98
HF4-9	3：7	6.00	5.98

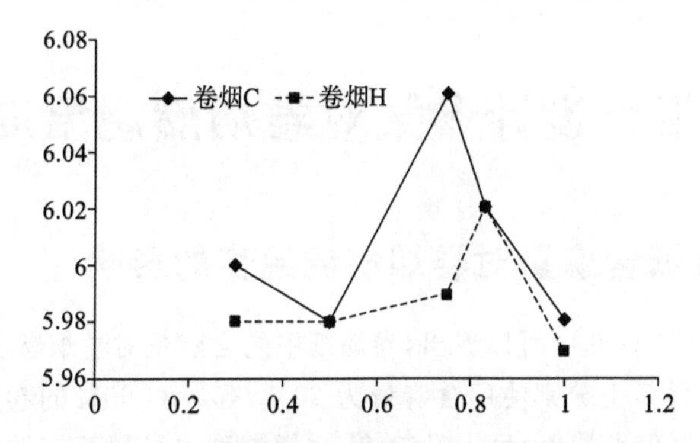

图 5-18　助燃剂钾钠比对卷烟烟气 pH 值的影响

从表 5-39 中的数据可以看出，随着助燃剂量的增加，卷烟烟气 pH 值略有上升。

表 5-39　不同助燃剂添加量对卷烟烟气 pH 值的影响

样品编号	助燃剂添加量	pH(C)	pH(H)
HF4-10	0.67	5.99	5.95
HF4-11	1.03	6.01	5.97
HF4-12	1.39	6.00	5.96
HF4-13	1.97	6.00	6.09
HF4-14	2.10	6.02	6.02

5.4.7　不同孔隙率卷烟纸对卷烟烟气 pH 值的影响

从表 5-40 中的数据可以看出，不同孔隙率的卷烟纸在卷烟 C 上应用后，对卷烟烟气 pH 值影响不大，在卷烟 H 上使用后，HF4-13(2)及 HF4-13(3)两个规格卷烟的烟气 pH 值低于 HF4-13。

表 5-40 卷烟烟气 pH 值检测结果

样 品 编 号	pH(C)	pH(H)
HF4-13	6.00	6.09
HF4-13(2)	6.01	6.00
HF4-13(3)	6.02	6.01

5.5 卷烟纸设计参数对卷烟燃烧温度的影响

5.5.1 卷烟纸含麻量对卷烟燃烧温度的影响

从表 5-41 和图 5-19 中可以看出，卷烟纸中的含麻量对卷烟燃烧最高温度有一定的影响。在卷烟 C 上分别使用含麻量为 20%、40%和 60%的卷烟纸后，卷烟的抽吸平均温度和峰值平均值)呈上升趋势，阴燃温度也呈稍有波动的上升趋势；在卷烟 H 上使用不同含麻量的卷烟纸后，随着含麻量的增加，卷烟最高抽吸温度呈稍有波动的上升趋势，而阴燃温度呈上升趋势。另外，还可以看出，卷烟 C 的最高燃烧温度要大于卷烟 H 的最高燃烧温度。

表 5-41 卷烟最高燃烧温度测定结果

样品编号	含麻量/(%)	最高温/℃	抽吸最高温平均值/℃	抽吸平均温度/℃	阴燃平均温度/℃	峰值平均值/℃
HF2-1	0	1158.98	1098.67	908.03	722.96	1033.59
HF2-2	20	1177.71	1123.58	924.35	735.59	1048.69
HF2-3	40	1249.05	1150.36	929.64	732.19	1065.55
HF2-4	60	1235.95	1151.73	940.50	741.53	1068.23
HF2-1	0	1269.94	1183.65	960.62	736.74	1094.40
HF2-2	20	1336.33	1200.26	970.62	748.69	1108.34
HF2-3	40	1227.64	1171.09	959.19	750.56	1102.60
HF2-4	60	1253.57	1193.22	983.77	750.09	1128.76

注：卷烟编号中 C 为卷烟 C；H 为卷烟 H，下同。

从表 5-42、图 5-20 和图 5-21 中可以看出，卷烟纸中的含麻量对卷烟全系列燃烧温度占比情况有一定的影响。从图 5-20 中可以看出，卷烟 C 和 H 各燃烧温度

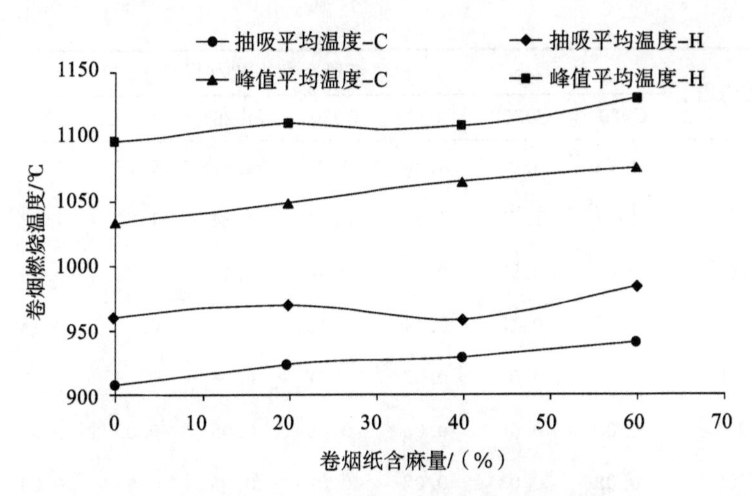

图 5-19　卷烟纸含麻量对卷烟燃烧温度的影响

段数据个数占比的趋势基本上是一致的。低温段个数占比较大，在 500～550 ℃段的温度个数占比是最大的，而高温段的个数占比是非常低的。从图 5-21 中可以看出，卷烟 C 的燃烧温度在 500～550 ℃的个数占比是随卷烟纸含麻量的升高而升高的，但占比量没有卷烟 H 的高，而卷烟 H 在 500～550 ℃的个数占比随含麻量的升高呈幅度较小的降低趋势。

从图 5-21 中可以看出，在卷烟 H 上使用不同含麻量的卷烟纸后，随含麻量的增加，温度段个数占比总量呈上升趋势；卷烟 C 的温度段个数占比总量则呈先下降后升高趋势。

表 5-42　卷烟燃烧温度段个数占比统计结果

温度段/℃	温度段个数占比/（%）							
	C0201	C0202	C0203	C0204	H0201	H0202	H0203	H0204
200～250	11.00	11.00	10.85	10.93	11.04	10.99	10.75	10.62
250～300	9.96	9.85	9.69	9.87	9.68	9.71	9.66	9.54
300～350	9.35	9.20	9.06	9.35	8.90	8.96	9.10	8.93
350～400	9.19	8.93	9.03	9.30	8.57	8.64	9.09	8.87
400～450	9.80	9.41	9.72	9.94	9.02	9.15	9.82	9.57
450～500	10.86	10.35	10.84	10.91	10.46	10.43	10.96	10.80
500～550	10.99	11.05	11.20	11.41	11.83	11.84	11.70	11.69
550～600	8.67	9.44	8.74	8.46	10.30	10.21	9.62	10.24

续表

温度段/℃	温度段个数占比/(%)							
	C0201	C0202	C0203	C0204	H0201	H0202	H0203	H0204
600～650	4.78	5.01	4.30	4.07	4.71	4.77	4.49	5.11
650～700	1.71	1.75	1.53	1.24	1.34	1.30	1.28	1.33
700～750	0.47	0.52	0.43	0.36	0.40	0.38	0.36	0.38
750～800	0.15	0.15	0.14	0.13	0.15	0.14	0.14	0.14
800～850	0.08	0.08	0.07	0.07	0.08	0.08	0.07	0.07
850～900	0.05	0.05	0.05	0.04	0.05	0.05	0.05	0.05
900～950	0.02	0.03	0.02	0.02	0.03	0.03	0.03	0.03
950～1000	0.01	0.01	0.01	0.01	0.02	0.01	0.01	0.01
1000～1050	0.01	0.01		0.01	0.01	0.01		0.01
合计	87.10	86.84	85.68	86.12	86.59	86.70	87.13	87.39

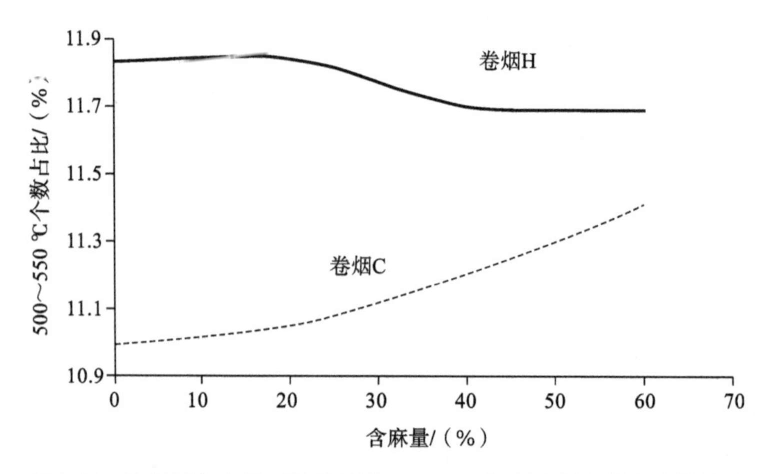

图 5-20 卷烟纸含麻量对卷烟燃烧 500～550 ℃温度段个数占比的影响

5.5.2 卷烟纸碳酸钙添加量对卷烟燃烧温度的影响

从表 5-43 中可以看出，卷烟纸中碳酸钙含量对卷烟燃烧最高温度有一定的影响。卷烟 C 的最高温、抽吸最高温平均值为含碳酸钙高(36%)和碳酸钙低(28%)的温度小于含碳酸钙中(32%)的温度，而卷烟的抽吸平均温和阴燃平均温则与上述相反。

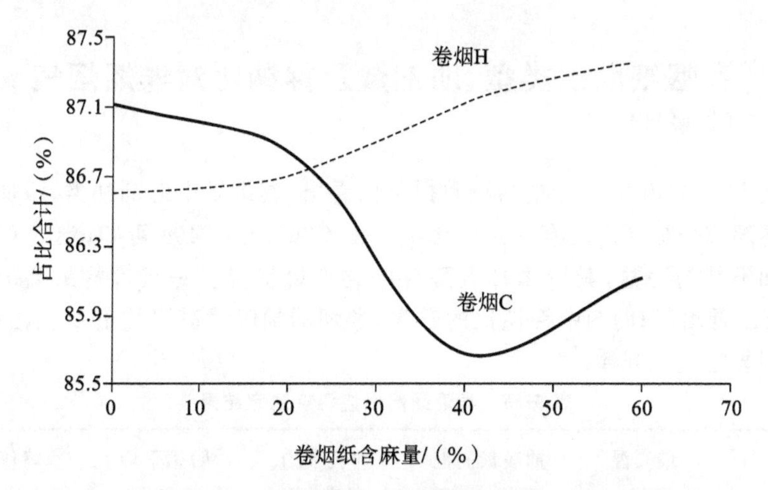

图 5-21　卷烟纸含麻量对卷烟燃烧温度段个数总占比的影响

表 5-43　卷烟最高燃烧温度测定结果

样品编号	碳酸钙含量/(%)	最高温/℃	抽吸最高温平均值/℃	抽吸平均温度/℃	阴燃平均温度/℃	峰值平均值/℃
HF1-1	28	1167.14	1086.32	902.21	723.82	1020.36
HF1-2	32	1230.29	1113.60	901.24	719.34	1025.91
HF1-3	36	1164.01	1105.21	908.63	722.09	1032.75

5.5.3　卷烟纸碳酸钙形态和粒径对卷烟烟燃烧温度的影响

从表 5-44 中可以看出，卷烟纸中碳酸钙形态和粒径大小对卷烟燃烧最高温度有一定的影响。从表 5-44 中 C0301、C0302、C0303、C0201 的数据可以看出，卷烟 C 的卷烟纸碳酸钙粒径小的最高燃烧温度（包括抽吸和阴燃温度）均高于碳酸钙粒径大的最高燃烧温度；对于粒径小的碳酸钙来说，固体碳酸钙的卷烟最高燃烧温度小于液体碳酸钙的最高燃烧温度，对于粒径大的碳酸钙来说，固体碳酸钙的卷烟最高燃烧温度大于液体碳酸钙的最高燃烧温度。

表 5-44　卷烟最高燃烧温度测定结果

样品编号	最高温/℃	抽吸最高温平均值/℃	抽吸平均温度/℃	阴燃平均温度/℃	峰值平均值/℃
HF3-1	1232.70	1156.58	938.28	747.72	1074.81
HF3-2	1251.58	1196.70	967.41	765.49	1114.89
HF3-3	1189.92	1124.82	920.33	743.51	1047.95
HF3-5	1158.98	1098.67	908.03	722.96	1033.59

5.5.4 卷烟纸助剂类型、助剂量及钾钠比对卷烟烟气 pH 值的影响

从表 5-45 和表 5-46 中的检测数据可以看出，卷烟纸中助剂种类、添加量及钾钠比对卷烟燃烧最高温度有一定的影响。由 C0401～C0404 可知，卷烟 C 中的卷烟纸添加不同的钾盐，其中添加乳酸钾的卷烟燃烧温度是较钾盐最高的。从图 5-22中可以看出，随助剂中钾钠比的升高，卷烟的抽吸最高平均值变化幅度不大，没有较明显的变化规律。

表 5-45 卷烟最高燃烧温度测定结果

样品编号	最高温/℃	抽吸最高温平均值/℃	抽吸平均温度/℃	阴燃平均温度/℃	峰值平均值/℃
HF4-1	1212.46	1131.21	913.34	725.64	1047.06
HF4-2	1219.50	1126.84	917.63	730.62	1046.12
HF4-3	1228.74	1157.99	941.21	748.84	1074.16
HF4-4	1188.62	1110.76	910.71	739.22	1039.02
HF4-5	1187.46	1140.69	930.96	743.80	1060.75
HF4-6	1182.72	1140.47	937.78	751.25	1057.16
HF4-7	1197.20	1150.48	933.23	750.81	1067.40
HF4-8	1198.84	1135.28	936.15	743.83	1069.20
HF4-9	1292.98	1164.46	932.21	743.57	1060.28

表 5-46 不同钾钠比的卷烟最高燃烧温度测定结果

样品编号	钾钠比	最高温/℃	抽吸最高温平均值/℃	抽吸平均温度/℃	阴燃平均温度/℃	峰值平均值/℃
HF4-5	1∶0	1187.46	1140.69	930.96	743.80	1060.75
HF4-9	3∶7	1292.98	1164.46	932.21	743.57	1060.28
HF4-8	1∶1	1198.84	1135.28	936.15	743.83	1069.20
HF4-7	3.1∶1	1197.20	1150.48	933.23	750.81	1067.40
HF4-6	4.9∶1	1182.72	1140.47	937.78	751.25	1057.16

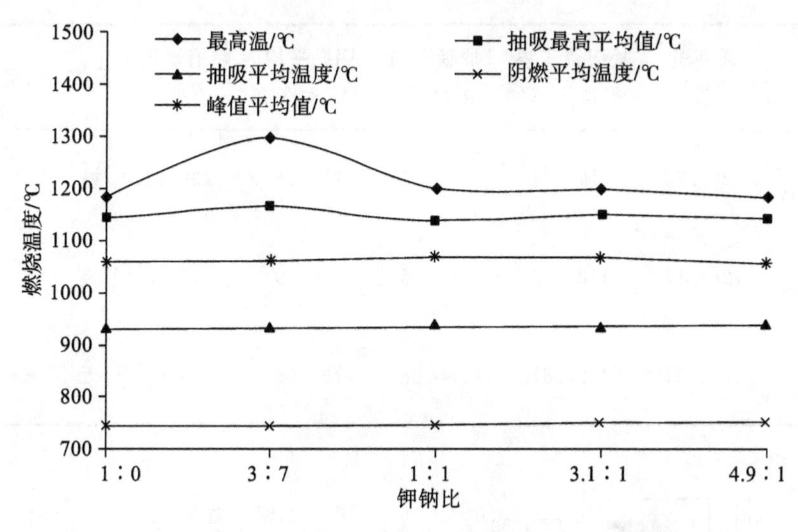

图 5-22　卷烟纸助剂钾钠比对卷烟最高燃烧温度段个数总占的影响

5.5.5　卷烟纸罗纹参数对卷烟燃烧温度的影响

5.5.5.1　罗纹类型对卷烟燃烧温度的影响

1. 反压深罗纹

从表 5-47、图 5-23 和图 5-24 中的检测数据可以看出，对于卷烟 C 来说，无罗纹卷烟纸燃烧温度最高，其次是横罗纹卷烟纸，最低的为竖罗纹卷烟纸；而对于卷烟 H 来说，趋势基本一致，但横、竖罗纹卷烟纸的燃烧温度差异不明显。

表 5-47　卷烟燃烧温度测定结果

样品编号	最高温/℃	抽吸最高温平均值/℃	抽吸平均温度/℃	阴燃平均温度/℃	峰值平均值/℃	罗纹	强度	正反
HF5-1（卷烟 C）	1291.61	1197.14	955.87	758.76	1096.34	横	深	反
HF5-2（卷烟 C）	1190.16	1125.83	923.47	735.22	1047.78	竖		
HF5-3（卷烟 C）	1295.81	1202.81	980.08	761.06	1123.93	无	—	—

续表

样品编号	最高温/℃	抽吸最高温平均值/℃	抽吸平均温度/℃	阴燃平均温度/℃	峰值平均值/℃	罗纹	强度	正反
HF5-1（卷烟 H）	1253.76	1196.74	968.61	747.24	1109.43	横	深	反
HF5-2（卷烟 H）	1261.17	1181.09	961.15	748.49	1104.65	竖		
HF5-3（卷烟 H）	1295.81	1202.81	980.08	761.06	1123.93	无	—	—

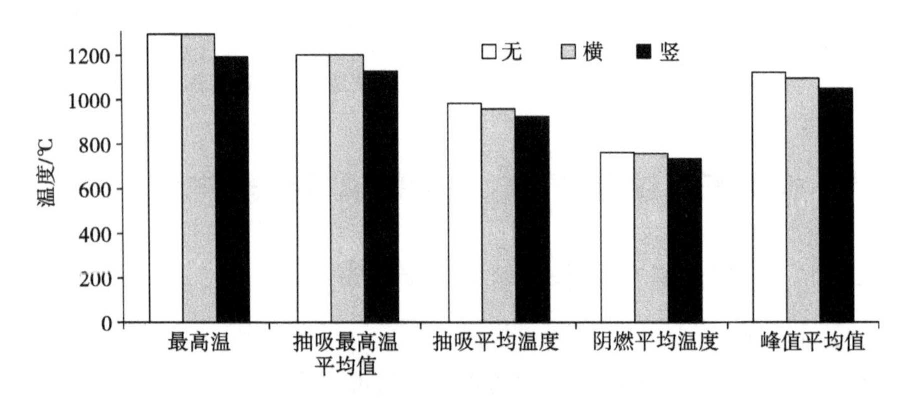

图 5-23　不同罗纹类型对卷烟燃烧温度的影响（卷烟 C）

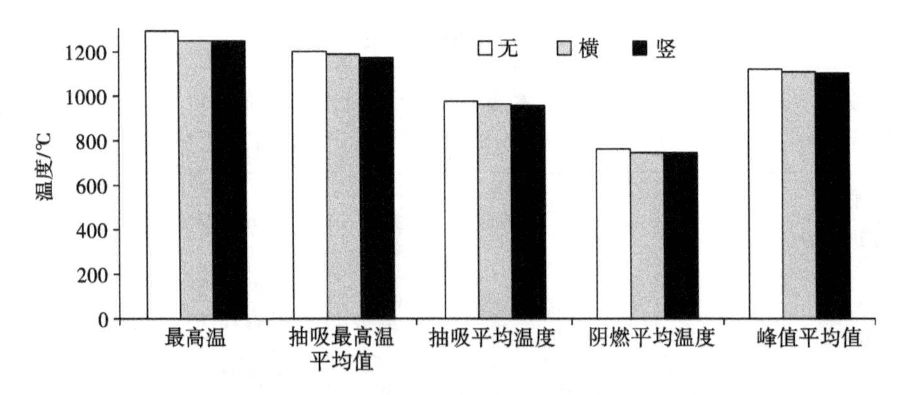

图 5-24　不同罗纹类型对卷烟燃烧温度的影响（卷烟 H）

从表 5-48、图 5-25 和图 5-26 中可以看出，罗纹类型对卷烟燃烧温度的占比有一定的影响，在卷烟 C 上，200～500 ℃时，竖罗纹卷烟纸温度占比大于无罗纹及横罗纹卷烟纸，而在 500～800 ℃温度段，横罗纹卷烟纸温度占比>无罗纹>竖罗纹。卷烟 H 在 250～400 ℃时，横罗纹的温度占比>竖罗纹>无罗纹，550～800 ℃时无罗纹卷烟纸温度占比>竖罗纹>横罗纹。

表 5-48　罗纹类型对温度段个数占比的影响

编号	温度段/℃	卷烟 C			卷烟 H		
		横	竖	无	横	竖	无
1	200～250	10.79	11.24	11.01	11.22	10.98	11.08
2	250～300	9.81	10.09	9.92	9.93	9.83	9.70
3	300～350	9.26	9.51	9.33	9.17	9.13	8.88
4	350～400	9.24	9.48	9.26	8.91	8.85	8.58
5	400～450	9.90	10.19	9.88	9.42	9.48	8.94
6	450～500	10.91	11.22	10.80	10.54	10.65	10.03
7	500～550	11.47	10.92	11.13	11.66	11.40	11.25
8	550～600	8.87	7.90	8.73	9.28	9.66	10.02
9	600～650	4.54	3.94	4.60	4.32	4.81	5.37
10	650～700	1.64	1.37	1.67	1.29	1.45	1.77
11	700～750	0.47	0.34	0.42	0.40	0.45	0.53
12	750～800	0.14	0.11	0.12	0.14	0.15	0.19
13	800～850	0.07	0.05	0.07	0.07	0.07	0.10
14	850～900	0.04	0.03	0.04	0.04	0.05	0.06
15	900～950	0.02	0.02	0.02	0.03	0.03	0.03
16	950～1000	0.01	0.01	0.01	0.01	0.02	0.02
17	1000～1050	—	—	—	0.01	0.01	0.01
	合计	87.18	86.42	87.01	86.44	87.02	86.56

2. 反压浅罗纹

从表 5-49、图 5-27 和图 5-28 中的数据可以看出，对于卷烟 C 来说，竖罗纹卷烟纸燃烧温度高于其他两种类型的卷烟纸，而无罗纹和横罗纹卷烟纸的卷烟燃烧温度差异不明显；卷烟 H 在使用不同罗纹类型的卷烟纸后，卷烟燃烧温度的变化规律为无罗纹>横罗纹>竖罗纹。

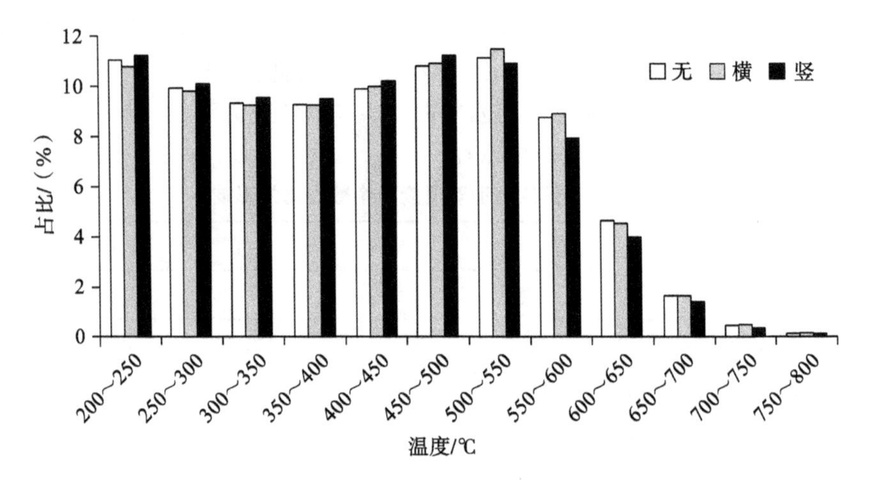

图 5-25 罗纹类型对卷烟燃烧占比的影响(卷烟 C)

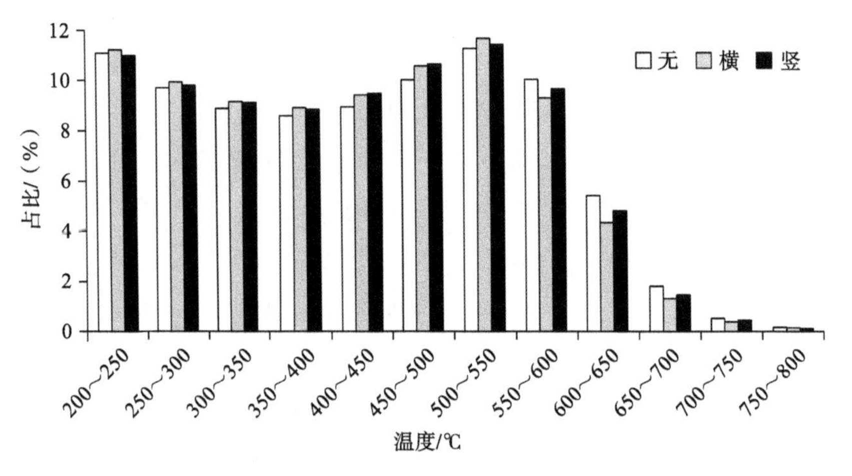

图 5-26 罗纹类型对卷烟燃烧占比的影响(卷烟 H)

表 5-49 卷烟燃烧温度测定结果

样品编号	最高温/℃	抽吸最高温平均值/℃	抽吸平均温度/℃	阴燃平均温度/℃	峰值平均值/℃	罗纹	强度	正反
HF5-5(卷烟 C)	1211.34	1144.81	943.65	748.59	1071.12	横	浅	反
HF5-6(卷烟 C)	1224.34	1175.49	972.72	771.02	1107.27	竖	浅	反
HF5-3(卷烟 C)	1204.47	1154.15	941.49	748.74	1073.79	无	—	—

续表

样品编号	最高温/℃	抽吸最高温平均值/℃	抽吸平均温度/℃	阴燃平均温度/℃	峰值平均值/℃	罗纹	强度	正反
HF5-5（卷烟 H）	1229.57	1170.19	950.83	735.88	1095.08	横	浅	反
HF5-6（卷烟 H）	1169.76	1134.47	934.22	723.94	1062.07	竖	浅	反
HF5-3（卷烟 H）	1295.81	1202.81	980.08	761.06	1123.93	无	—	—

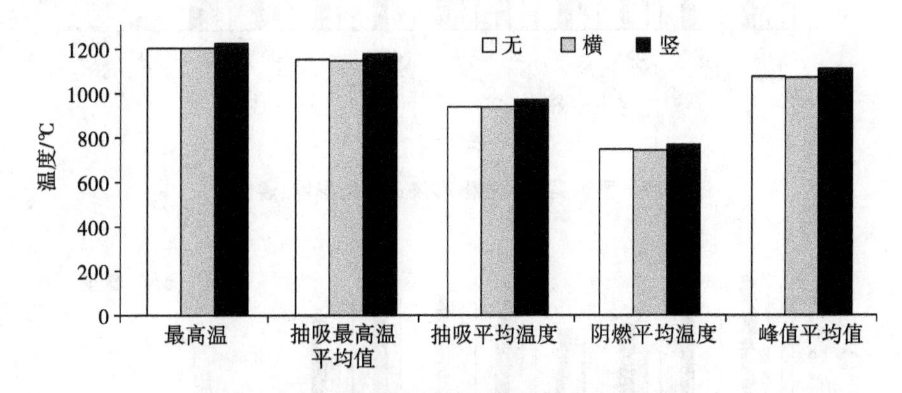

图 5-27　不同罗纹类型对卷烟 C 燃烧温度的影响

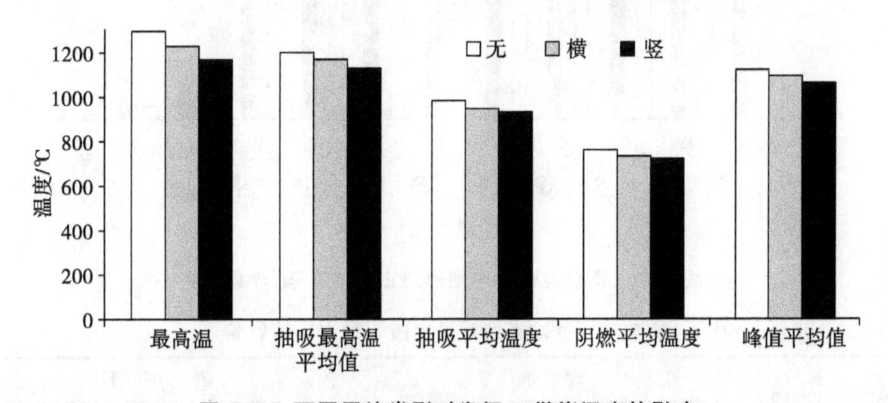

图 5-28　不同罗纹类型对卷烟 H 燃烧温度的影响

从图 5-29、图 5-30 和表 5-50 中可以看出，罗纹类型对卷烟燃烧温度的占比有一定影响，卷烟 C 在 200～500 ℃时，无罗纹卷烟纸卷烟的燃烧温度占比＞横罗纹＞竖罗纹，在 500～550 ℃时，横罗纹卷烟纸的卷烟燃烧温度占比＞竖罗纹＞无罗纹，在 550～800 ℃时，竖罗纹卷烟纸的卷烟燃烧温度占比较高；在卷烟 H 上使用后，在 200～500 ℃时，横罗纹的温度占比＞竖罗纹＞无罗纹，在 500～800 ℃时无罗纹卷烟纸温度占比较高。

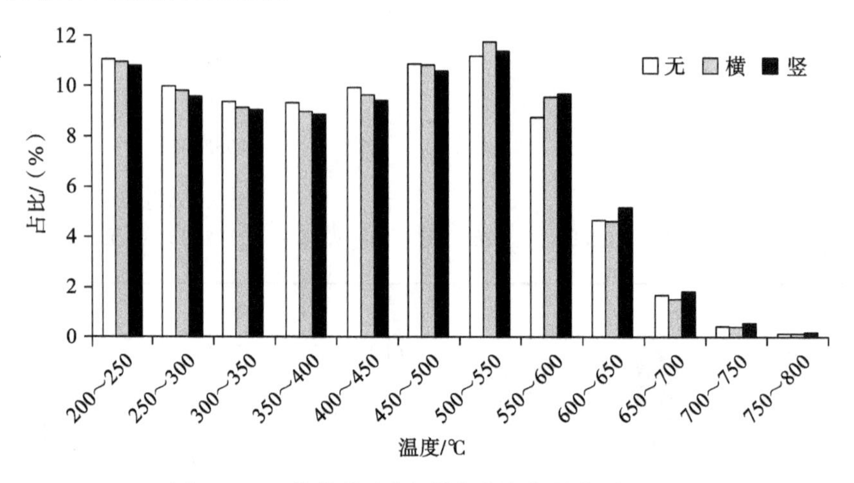

图 5-29 罗纹类型对卷烟燃烧占比的影响(卷烟 C)

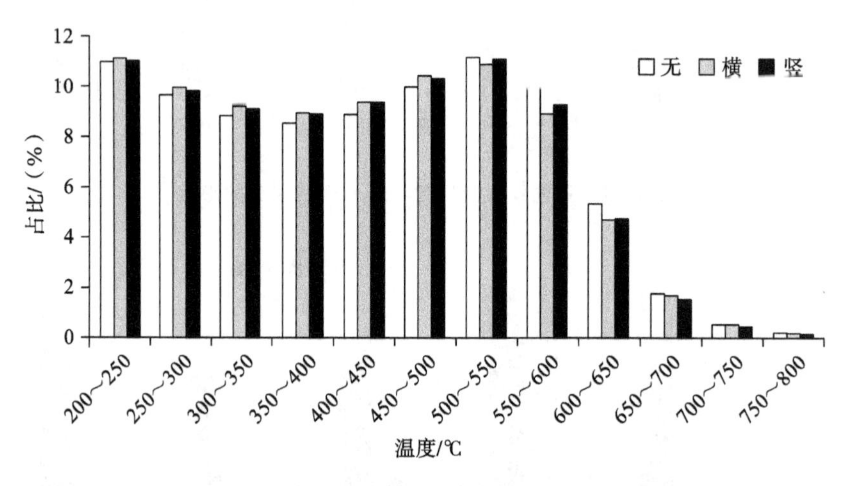

图 5-30 罗纹类型对卷烟燃烧占比的影响(卷烟 H)

表 5-50 罗纹类型对温度段个数占比的影响

编号	温度段/℃	卷烟 C			卷烟 H		
		无	横	竖	无	横	竖
1	200～250	11.01	10.92	10.79	11.08	11.20	11.11
2	250～300	9.92	9.76	9.55	9.70	10.02	9.87
3	300～350	9.33	9.11	9.01	8.88	9.27	9.17

续表

编号	温度段/℃	卷烟 C			卷烟 H		
		无	横	竖	无	横	竖
4	350～400	9.26	8.96	8.84	8.58	9.00	8.99
5	400～450	9.88	9.58	9.37	8.94	9.45	9.45
6	450～500	10.80	10.78	10.54	10.03	10.48	10.39
7	500～550	11.13	11.69	11.33	11.25	10.96	11.21
8	550～600	8.73	9.53	9.65	10.02	8.96	9.35
9	600～650	4.60	4.57	5.15	5.37	4.72	4.76
10	650～700	1.67	1.45	1.79	1.77	1.70	1.54
11	700～750	0.42	0.40	0.55	0.53	0.53	0.47
12	750～800	0.12	0.13	0.18	0.19	0.18	0.16
13	800～850	0.07	0.07	0.08	0.10	0.09	0.08
14	850～900	0.04	0.04	0.05	0.06	0.06	0.05
15	900～950	0.02	0.02	0.03	0.03	0.04	0.03
16	950～1000	0.01	0.01	0.01	0.02	0.02	0.01
17	1000～1050			0.01	0.01	0.01	0.01
	合计	87.01	87.02	86.93	86.56	86.69	86.65

3. 正压深罗纹

从表 5-51、图 5-31 和图 5-32 中的数据可以看出：在卷烟 C 上使用不同罗纹类型的卷烟纸后，竖罗纹及无罗纹卷烟纸的卷烟燃烧温度差异不明显，横罗纹卷烟纸的燃烧温度相对略高；在卷烟 H 上使用不同罗纹类型的卷烟纸后，卷烟燃烧温度的变化规律为无罗纹＞横罗纹＞竖罗纹。

表 5-51　卷烟燃烧温度测定结果

样品编号	最高温/℃	抽吸最高温平均值/℃	抽吸平均温度/℃	阴燃平均温度/℃	峰值平均值/℃	罗纹	强度	正反
HF5-7（卷烟 C）	1199.81	1136.26	931.24	745.95	1061.29	竖	深	正
HF5-8（卷烟 C）	1218.16	1168.09	954.12	760.10	1089.83	横	深	正
HF5-3（卷烟 C）	1204.47	1154.15	941.49	748.74	1073.79	无	—	—

续表

样品编号	最高温/℃	抽吸最高温平均值/℃	抽吸平均温度/℃	阴燃平均温度/℃	峰值平均值/℃	罗纹	强度	正反
HF5-7（卷烟 H）	1247.42	1153.91	948.29	729.69	1087.40	竖	深	正
HF5-8（卷烟 H）	1256.37	1192.40	981.18	751.80	1127.85	横	深	正
HF5-3（卷烟 H）	1295.81	1202.81	980.08	761.06	1123.93	无	—	—

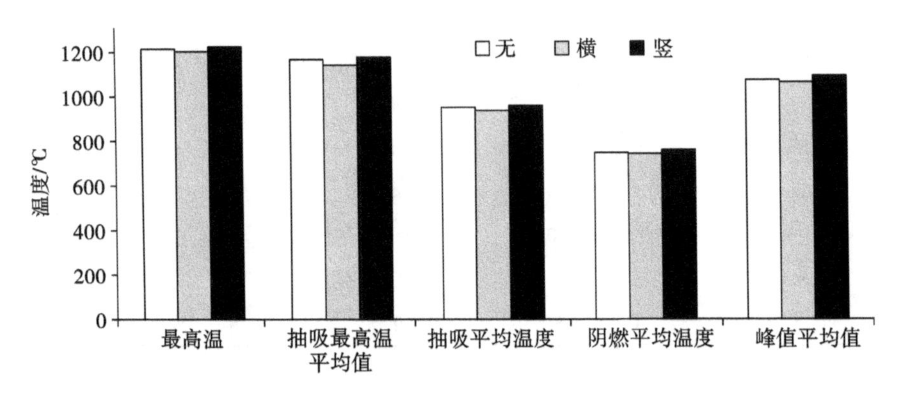

图 5-31　不同罗纹类型对卷烟燃烧温度的影响(卷烟 C)

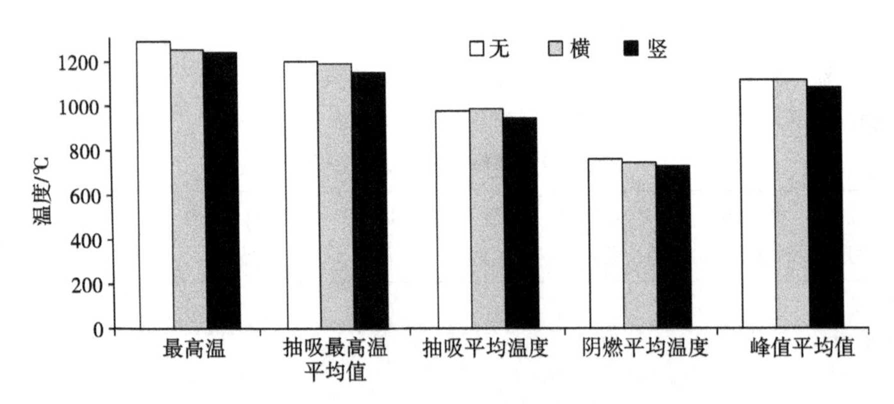

图 5-32　不同罗纹类型对卷烟燃烧温度的影响(卷烟 H)

正压深罗纹的不同罗纹类型的卷烟纸在两个规格的卷烟上使用后，对卷烟燃烧温度段的占比有一定的影响，但规律性不强(见表 5-52、图 5-33 和图 5-34)。

表5-52 罗纹类型对温度段个数占比的影响

编号	温度段/℃	卷烟C			卷烟H		
		无	竖	横	无	竖	横
1	200～250	11.01	11.04	10.70	11.08	11.22	10.92
2	250～300	9.92	9.83	9.68	9.70	10.03	9.72
3	300～350	9.33	9.21	9.16	8.88	9.23	9.08
4	350～400	9.26	9.06	9.11	8.58	8.86	8.97
5	400～450	9.88	9.78	9.71	8.94	9.31	9.63
6	450～500	10.80	11.02	10.86	10.03	10.48	10.80
7	500～550	11.13	11.43	11.74	11.25	11.02	11.55
8	550～600	8.73	8.78	9.52	10.02	8.98	9.47
9	600～650	4.60	4.35	4.59	5.37	4.97	4.58
10	650～700	1.67	1.50	1.49	1.77	1.68	1.46
11	700～750	0.42	0.44	0.41	0.53	0.50	0.43
12	750～800	0.12	0.13	0.14	0.19	0.18	0.15
13	800～850	0.07	0.06	0.07	0.10	0.10	0.08
14	850～900	0.04	0.04	0.04	0.06	0.06	0.05
15	900～950	0.02	0.02	0.02	0.03	0.04	0.03
16	950～1000	0.01	0.01	0.01	0.02	0.02	0.02
17	1000～1050	—	—	—	0.01	0.01	0.01
	合计	87.01	86.70	87.25	86.56	86.69	86.95

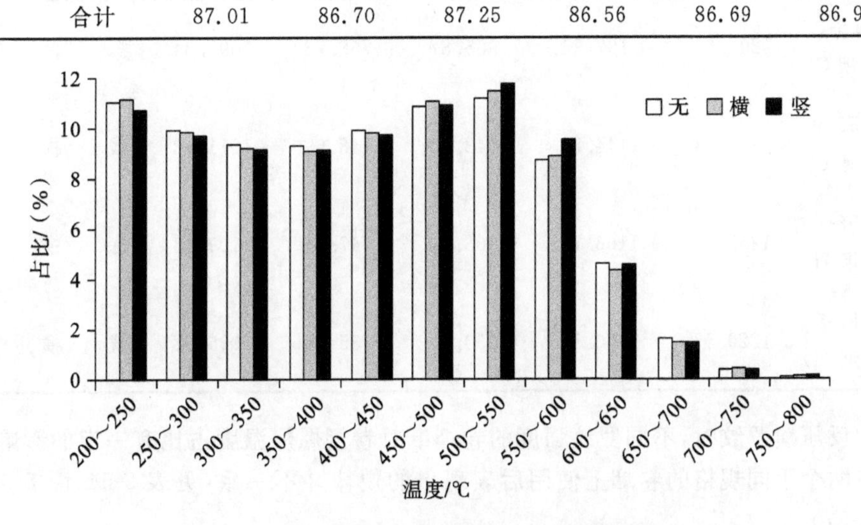

图5-33 罗纹类型对卷烟燃烧占比的影响(卷烟C)

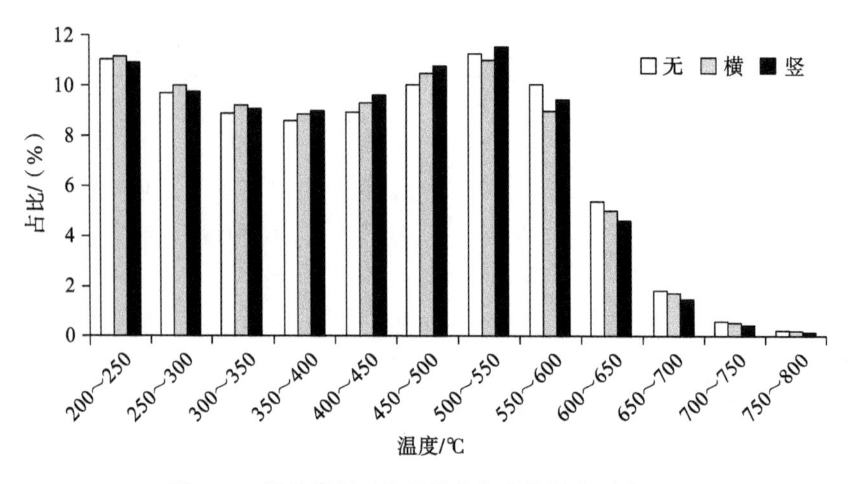

图 5-34 罗纹类型对卷烟燃烧占比的影响(卷烟 H)

5.5.5.2 罗纹强度对卷烟燃烧温度的影响

1. 反压横罗纹

反压横罗纹时,不同罗纹强度的卷烟纸在两个规格的卷烟上使用后,卷烟燃烧温度的变化规律基本一致,压纹深的卷烟燃烧温度较高(见表 5-53 和图 5-35)。

表 5-53 卷烟燃烧温度测定结果

样品编号	最高温/℃	抽吸最高温平均值/℃	抽吸平均温度/℃	阴燃平均温度/℃	峰值平均值/℃	强度	类型	正反
HF5-1(卷烟 C)	1291.61	1197.14	955.87	758.76	1096.34	深	横	反
HF5-5(卷烟 C)	1211.34	1144.81	943.65	748.59	1071.12	浅	横	反
HF5-1(卷烟 H)	1253.76	1196.74	968.61	747.24	1109.43	深	横	反
HF5-5(卷烟 H)	1229.57	1170.19	950.83	735.88	1095.08	浅	横	反

反压横罗纹时,不同罗纹强度的卷烟纸对卷烟燃烧温度占比有一定的影响,但是在两个不同规格的卷烟上使用后表现出的规律并不一致(见表 5-54、图 5-36 和图 5-37)。

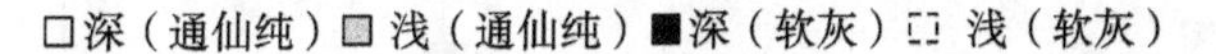

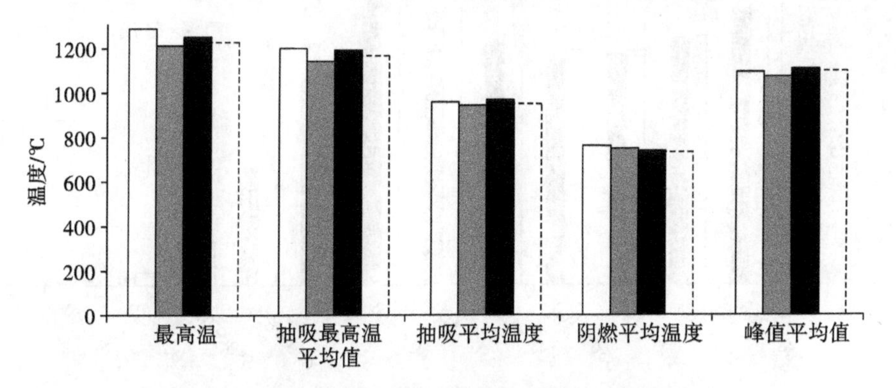

图 5-35　不同罗纹强度对卷烟燃烧温度的影响

（注：图中通仙纯指卷烟 C，软灰指卷烟 H，下同）

表 5-54　罗纹强度对温度段个数占比的影响

编号	温度段/℃	卷烟 C		卷烟 H	
		深	浅	深	浅
1	200～250	10.79	10.92	11.22	11.20
2	250～300	9.81	9.76	9.93	10.02
3	300～350	9.26	9.11	9.17	9.27
4	350～400	9.24	8.96	8.91	9.00
5	400～450	9.90	9.58	9.42	9.45
6	450～500	10.91	10.78	10.54	10.48
7	500～550	11.47	11.69	11.66	10.96
8	550～600	8.87	9.53	9.28	8.96
9	600～650	4.54	4.57	4.32	4.72
10	650～700	1.64	1.45	1.29	1.70
11	700～750	0.47	0.40	0.40	0.53
12	750～800	0.14	0.13	0.14	0.18
13	800～850	0.07	0.07	0.07	0.09
14	850～900	0.04	0.04	0.04	0.06
15	900～950	0.02	0.02	0.03	0.04
16	950～1000	0.01	0.01	0.01	0.02
17	1000～1050	—	—	0.01	0.01
	合计	87.18	87.02	86.44	86.69

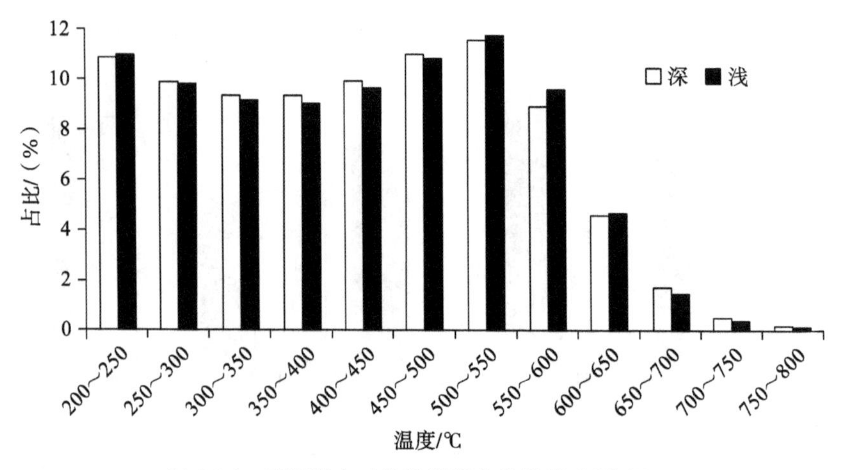

图 5-36 罗纹强度对卷烟燃烧占比的影响(卷烟 C)

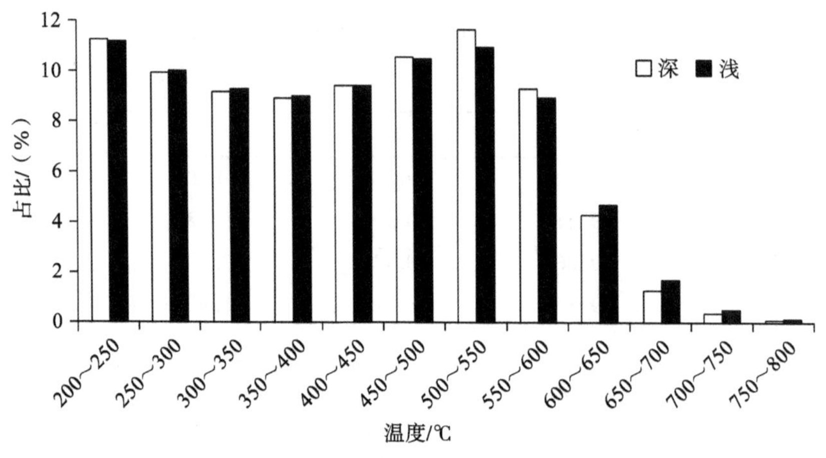

图 5-37 罗纹强度对卷烟燃烧占比的影响(卷烟 H)

2. 反压竖罗纹

反压竖罗纹时，不同罗纹强度的卷烟纸在两个规格的卷烟上使用后，卷烟燃烧温度的变化规律相反，在卷烟 C 上，浅罗纹卷烟纸的卷烟燃烧温度较高，而在卷烟 H 上，压纹深的卷烟燃烧温度较高(见表 5-55 和图 5-38)。

表 5-55 卷烟燃烧温度测定结果

样品编号	最高温/℃	抽吸最高温平均值/℃	抽吸平均温度/℃	阴燃平均温度/℃	峰值平均值/℃	强度	类型	正反
HF5-2(卷烟 C)	1190.16	1125.83	923.47	735.22	1047.78	深	竖	反
HF5-6(卷烟 C)	1224.34	1175.49	972.72	771.02	1107.27	浅	竖	反

续表

样品编号	最高温/℃	抽吸最高温平均值/℃	抽吸平均温度/℃	阴燃平均温度/℃	峰值平均值/℃	强度	类型	正反
HF5-2（卷烟 H）	1261.17	1181.09	961.15	748.49	1104.65	深	竖	反
HF5-6（卷烟 H）	1169.76	1134.47	934.22	723.94	1062.07	浅	竖	反

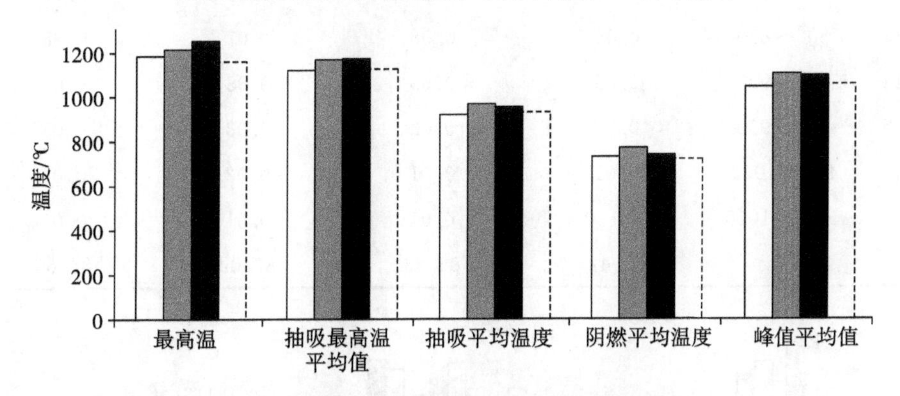

图 5-38 不同罗纹强度对卷烟燃烧温度的影响

反压竖罗纹时，不同罗纹强度的卷烟纸对卷烟燃烧温度占比有一定的影响：卷烟 C 在 200～500 ℃时，深罗纹的卷烟纸燃烧温度较高，在 500～800 ℃时，浅罗纹卷烟纸的燃烧温度占比较高；在卷烟 H 上，深浅罗纹的两种卷烟纸使用后卷烟燃烧温度的占比差异相对较小（见表 5-56、图 5-39 和图 5-40）。

表 5-56 罗纹强度对温度段个数占比的影响

编号	温度段/℃	卷烟 C		卷烟 H	
		深	浅	深	浅
1	200～250	11.24	10.79	10.98	11.11
2	250～300	10.09	9.55	9.83	9.87
3	300～350	9.51	9.01	9.13	9.17
4	350～400	9.48	8.84	8.85	8.99
5	400～450	10.19	9.37	9.48	9.45
6	450～500	11.22	10.54	10.65	10.39

续表

编号	温度段/℃	卷烟 C		卷烟 H	
		深	浅	深	浅
7	500～550	10.92	11.33	11.40	11.21
8	550～600	7.90	9.65	9.66	9.35
9	600～650	3.94	5.15	4.81	4.76
10	650～700	1.37	1.79	1.45	1.54
11	700～750	0.34	0.55	0.45	0.47
12	750～800	0.11	0.18	0.15	0.16
13	800～850	0.05	0.08	0.07	0.08
14	850～900	0.03	0.05	0.05	0.05
15	900～950	0.02	0.03	0.03	0.03
16	950～1000	0.01	0.01	0.02	0.01
17	1000～1050	—	0.01	0.01	0.01
	合计	86.42	86.93	87.02	86.65

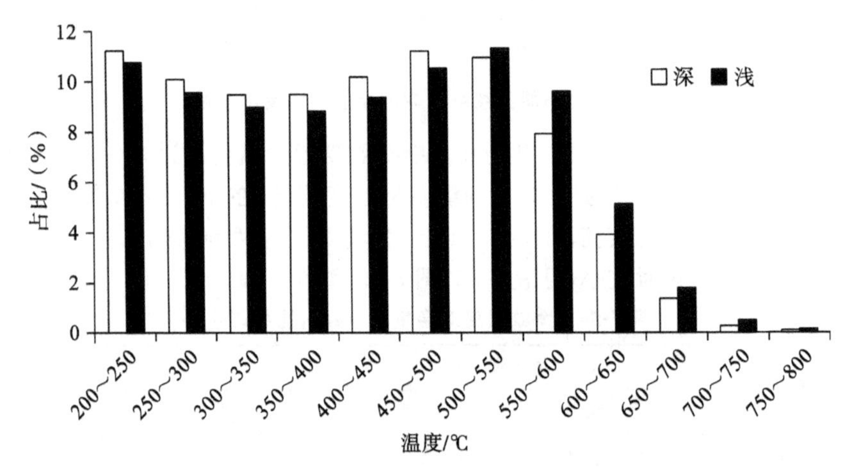

图 5-39　罗纹强度对卷烟燃烧占比的影响(卷烟 C)

3. 正压横罗纹

正压横罗纹时，不同罗纹强度的卷烟纸在两个规格的卷烟上使用后，卷烟燃烧温度的变化规律不太一致，在卷烟 C 上，差异最为明显的是燃烧最高温，浅罗纹卷烟纸的卷烟燃烧温度较高，其余温度指标差异不明显；而在卷烟 H 上，压纹深的卷烟燃烧温度较高(见表 5-57 和图 5-41)。

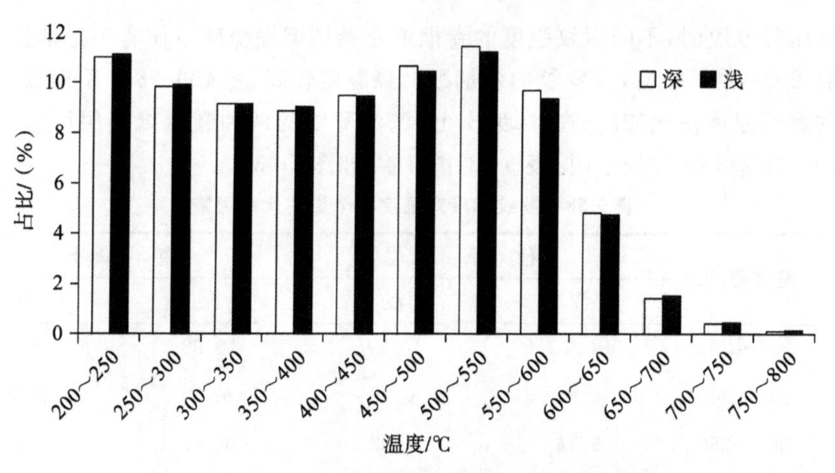

图 5-40　罗纹强度对卷烟燃烧占比的影响(卷烟 H)

表 5-57　卷烟燃烧温度测定结果

样品编号	最高温/℃	抽吸最高温平均值/℃	抽吸平均温度/℃	阴燃平均温度/℃	峰值平均值/℃	强度	类型	正反
HF5-8（卷烟 C）	1218.16	1168.09	954.12	760.10	1089.83	深	横	正
HF5-9（卷烟 C）	1240.39	1164.51	955.97	749.97	1087.72	浅	横	正
HF5-8（卷烟 H）	1256.37	1192.40	981.18	751.80	1127.85	深	横	正
HF5-9（卷烟 H）	1234.61	1190.82	970.65	744.75	1110.11	浅	横	正

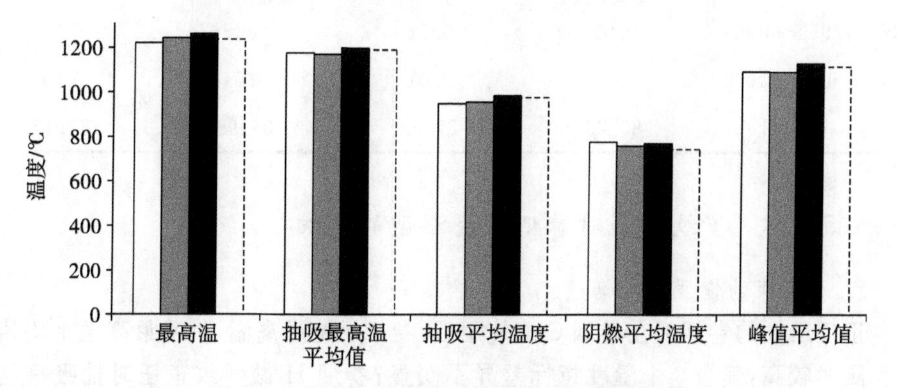

图 5-41　不同罗纹强度对卷烟燃烧温度的影响

反压竖罗纹时，不同罗纹强度的卷烟纸对卷烟燃烧温度占比有一定的影响：卷烟 C 在 200～400 ℃时，深罗纹的卷烟纸燃烧温度较高，在 400～800 ℃时浅罗纹卷烟纸的燃烧温度占比较高；在卷烟 H 上，深浅罗纹的两种卷烟纸使用后卷烟燃烧温度的占比差异相对较小（见表 5-58、图 5-42 和图 5-43）。

表 5-58　罗纹强度对温度段个数占比的影响

编号	温度段/℃	卷烟 C		卷烟 H	
		深	浅	深	浅
1	200～250	10.70	10.27	10.92	10.85
2	250～300	9.68	9.28	9.72	9.79
3	300～350	9.16	8.82	9.08	9.19
4	350～400	9.11	8.91	8.97	9.05
5	400～450	9.71	9.73	9.63	9.61
6	450～500	10.86	11.17	10.80	10.86
7	500～550	11.74	12.29	11.55	11.57
8	550～600	9.52	10.20	9.47	9.41
9	600～650	4.59	4.77	4.58	4.60
10	650～700	1.49	1.50	1.46	1.43
11	700～750	0.41	0.44	0.43	0.42
12	750～800	0.14	0.15	0.15	0.16
13	800～850	0.07	0.07	0.08	0.08
14	850～900	0.04	0.04	0.05	0.05
15	900～950	0.02	0.03	0.03	0.03
16	950～1000	0.01	0.01	0.02	0.01
17	1000～1050	—	0.01	0.01	0.01
	合计	87.25	87.69	86.95	87.12

5.5.5.3　罗纹方式对卷烟燃烧温度的影响

1. 强度深的横罗纹卷烟纸

正反压纹的卷烟纸在卷烟 C 上使用后，卷烟燃烧最高温、抽吸最高温平均值罗纹反压时较高，其余 3 个温度指标差异不明显；卷烟 H 做罗纹正压时抽吸平均温和峰值平均温略高，其余 3 个温度指标差异不明显（见表 5-59 和图 5-44）。

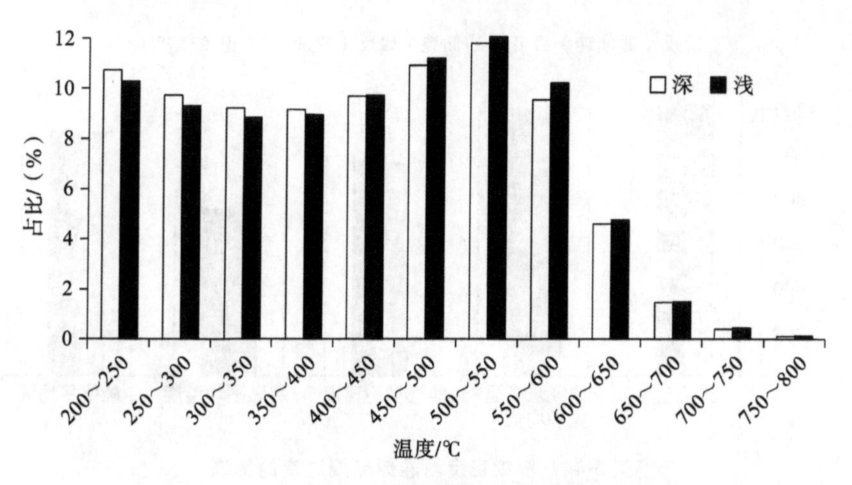

图 5-42　罗纹强度对卷烟燃烧占比的影响(卷烟 C)

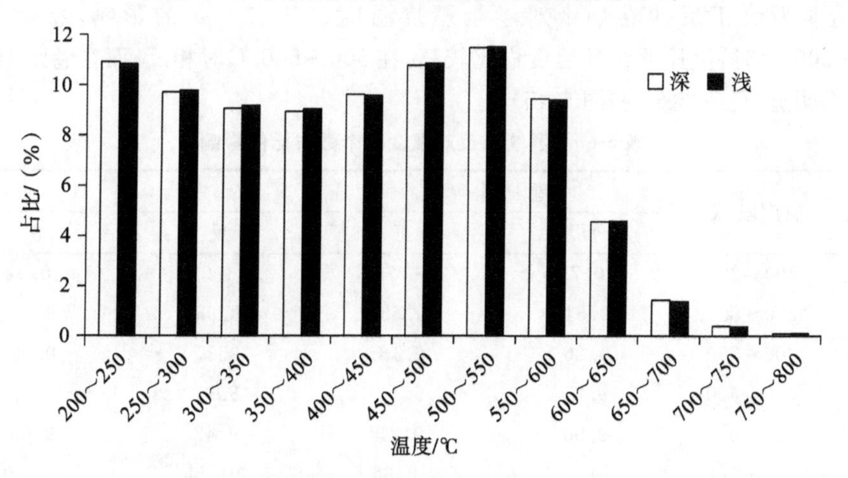

图 5-43　罗纹强度对卷烟燃烧占比的影响(卷烟 H)

表 5-59　卷烟燃烧温度测定结果

样品编号	最高温/℃	抽吸最高温平均值/℃	抽吸平均温度/℃	阴燃平均温度/℃	峰值平均值/℃	正反	类型	强度
HF5-1(卷烟 C)	1291.61	1197.14	955.87	758.76	1096.34	反	横	深
HF5-8(卷烟 C)	1218.16	1168.09	954.12	760.10	1089.83	正	横	深
HF5-1(卷烟 H)	1253.76	1196.74	968.61	747.24	1109.43	反	横	深
HF5-8(卷烟 H)	1256.37	1192.40	981.18	751.80	1127.85	正	横	深

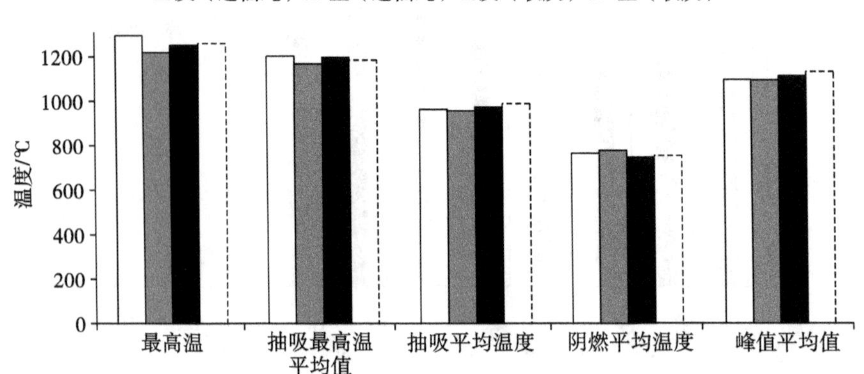

图 5-44　罗纹正反对卷烟燃烧温度的影响

不同罗纹正反的卷烟纸对卷烟燃烧温度占比有一定的影响，卷烟 C 在 200～500 ℃时，反压罗纹的温度占比较高，在 500～600 ℃时相反；而在卷烟 H 上，规律不明显（见表 5-60 和图 5-45）。

表 5-60　罗纹正反对温度段个数占比的影响

编号	温度段/℃	卷烟 C		卷烟 H	
		反	正	反	正
1	200～250	10.79	10.70	11.22	10.92
2	250～300	9.81	9.68	9.93	9.72
3	300～350	9.26	9.16	9.17	9.08
4	350～400	9.24	9.11	8.91	8.97
5	400～450	9.90	9.71	9.42	9.63
6	450～500	10.91	10.86	10.54	10.80
7	500～550	11.47	11.74	11.66	11.55
8	550～600	8.87	9.52	9.28	9.47
9	600～650	4.54	4.59	4.32	4.58
10	650～700	1.64	1.49	1.29	1.46
11	700～750	0.47	0.41	0.40	0.43
12	750～800	0.14	0.14	0.14	0.15
13	800～850	0.07	0.07	0.07	0.08
14	850～900	0.04	0.04	0.04	0.05
15	900～950	0.02	0.02	0.03	0.03
16	950～1000	0.01	0.01	0.01	0.02
17	1000～1050	—	—	0.01	0.01
	合计	87.18	87.25	86.44	86.95

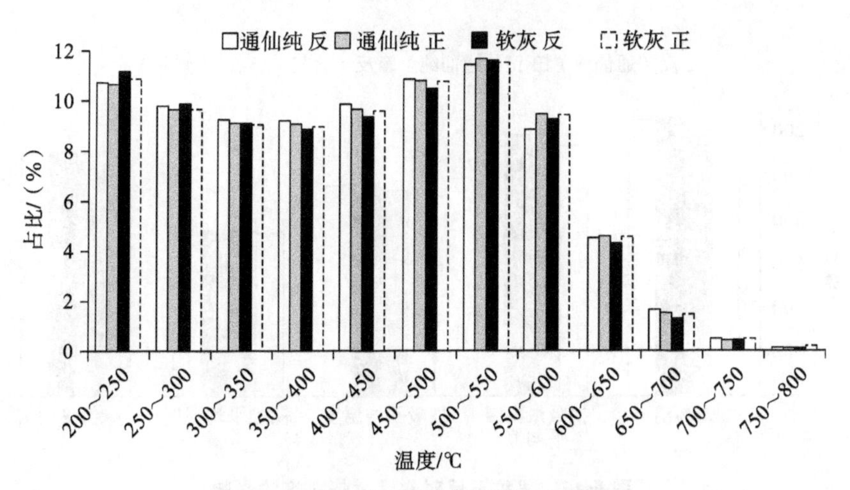

图 5-45　罗纹正反对卷烟燃烧占比的影响

2. 强度深的竖罗纹卷烟纸

正反压纹的卷烟纸在卷烟 C 上使用后，罗纹正压的卷烟纸燃烧温度略高；而在卷烟 H 上使用后，规律相反（见表 5-61 和图 5-46）。

表 5-61　卷烟燃烧温度测定结果

样品编号	最高温/℃	抽吸最高温平均值/℃	抽吸平均温度/℃	阴燃平均温度/℃	峰值平均值/℃	正反	类型	强度
HF5-2（卷烟 C）	1190.16	1125.83	923.47	735.22	1047.78	反	竖	深
HF5-7（卷烟 C）	1199.81	1136.26	931.24	745.95	1061.29	正	竖	深
HF5-2（卷烟 H）	1261.17	1181.09	961.15	748.49	1104.65	反	竖	深
HF5-7（卷烟 H）	1247.42	1153.91	948.29	729.69	1087.40	正	竖	深

压纹强度为深的竖罗纹时的不同罗纹正反的卷烟纸对卷烟燃烧温度占比有一定的影响：卷烟 C 在 200～500 ℃时，反压罗纹的温度占比较高，在 500～800 ℃时相反；卷烟 H 在 200～350 ℃时正压罗纹的卷烟燃烧温度占比较高，在400～600 ℃时相反，在 600～750 ℃时又变为正压罗纹的卷烟燃烧温度占比较高（见表 5-62 和图 5-47）。

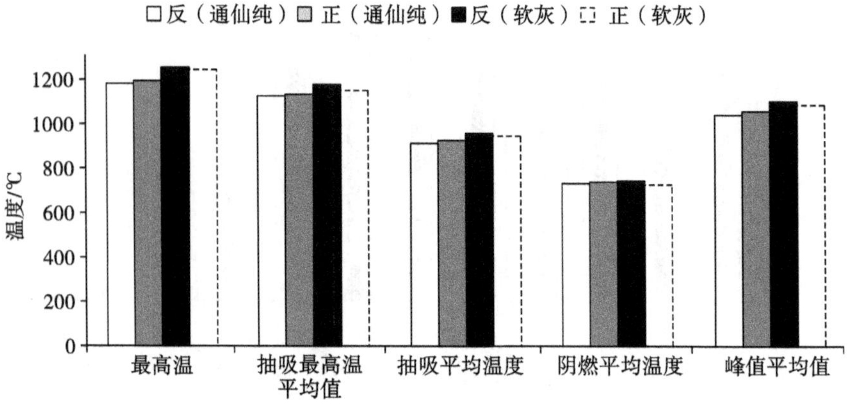

□反（通仙纯）▨正（通仙纯）■反（软灰）⬚正（软灰）

温度/℃

1200
1000
800
600
400
200
0

最高温　抽吸最高温平均值　抽吸平均温度　阴燃平均温度　峰值平均值

图 5-46　罗纹正反对卷烟燃烧温度的影响

表 5-62　罗纹正反对温度段个数占比的影响

编号	温度段/℃	卷　烟　C		卷　烟　H	
		反	正	反	正
1	200～250	11.24	11.04	10.98	11.22
2	250～300	10.09	9.83	9.83	10.03
3	300～350	9.51	9.21	9.13	9.23
4	350～400	9.48	9.06	8.85	8.86
5	400～450	10.19	9.78	9.48	9.31
6	450～500	11.22	11.02	10.65	10.48
7	500～550	10.92	11.43	11.40	11.02
8	550～600	7.90	8.78	9.66	8.98
9	600～650	3.94	4.35	4.81	4.97
10	650～700	1.37	1.50	1.45	1.68
11	700～750	0.34	0.44	0.45	0.50
12	750～800	0.11	0.13	0.15	0.18
13	800～850	0.05	0.06	0.07	0.10
14	850～900	0.03	0.04	0.05	0.06
15	900～950	0.02	0.02	0.03	0.04
16	950～1000	0.01	0.01	0.02	0.02
17	1000～1050	—	—	0.01	0.01
	合计	86.42	86.70	87.02	86.69

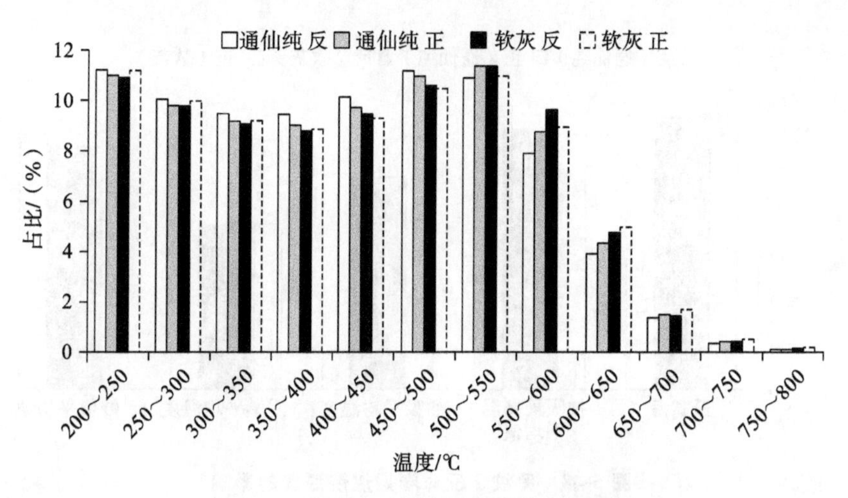

图 5-47　罗纹正反对卷烟燃烧占比的影响

3. 强度浅的横罗纹卷烟纸

正反压纹的卷烟纸在卷烟 C 及卷烟 H 上使用后，罗纹正压的卷烟纸燃烧温度略高(见表 5-63 和图 5-48)。

表 5-63　卷烟燃烧温度测定结果

样品编号	最高温/℃	抽吸最高温平均值/℃	抽吸平均温度/℃	阴燃平均温度/℃	峰值平均值/℃	正反	类型	强度
HF5-5(卷烟 C)	1211.34	1144.81	943.65	748.59	1071.12	反	横	浅
HF5-9(卷烟 C)	1240.39	1164.51	955.97	749.97	1087.72	正	横	浅
HF5-5(卷烟 H)	1229.57	1170.19	950.83	735.88	1095.08	反	横	浅
HF5-9(卷烟 H)	1234.61	1190.82	970.65	744.75	1110.11	正	横	浅

压纹强度为浅的横罗纹、不同罗纹正反的卷烟纸对卷烟燃烧温度占比有一定的影响，卷烟 C 在 200～400 ℃时，反压罗纹的温度占比较高，在 400～800 ℃时相反；卷烟 H 在 200 ℃～350 ℃时反压罗纹的卷烟燃烧温度占比较高，在 350～600 ℃时相反，在 600～800 ℃时又变为反压罗纹的卷烟燃烧温度占比较高(见表 5-64 和图 5-49)。

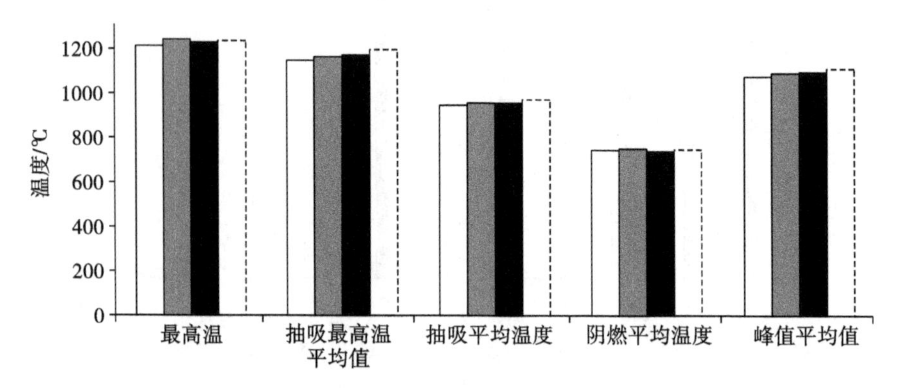

图 5-48　罗纹正反对卷烟燃烧温度的影响

表 5-64　罗纹正反对温度段个数占比的影响

编号	温度段/℃	卷烟 C		卷烟 H	
		反	正	反	正
1	200～250	10.92	10.27	11.20	10.85
2	250～300	9.76	9.28	10.02	9.79
3	300～350	9.11	8.82	9.27	9.19
4	350～400	8.96	8.91	9.00	9.05
5	400～450	9.58	9.73	9.45	9.61
6	450～500	10.78	11.17	10.48	10.86
7	500～550	11.69	12.29	10.96	11.57
8	550～600	9.53	10.20	8.96	9.41
9	600～650	4.57	4.77	4.72	4.60
10	650～700	1.45	1.50	1.70	1.43
11	700～750	0.40	0.44	0.53	0.42
12	750～800	0.13	0.15	0.18	0.16
13	800～850	0.07	0.07	0.09	0.08
14	850～900	0.04	0.04	0.06	0.05
15	900～950	0.02	0.03	0.04	0.03
16	950～1000	0.01	0.01	0.02	0.01
17	1000～1050	—	0.01	0.01	0.01
	合计	87.02	87.69	86.69	87.12

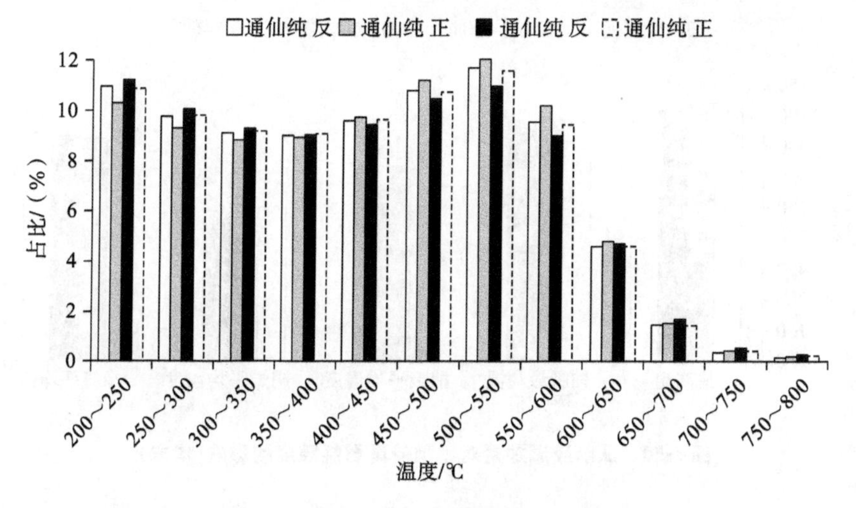

图 5-49　罗纹正反对卷烟燃烧占比的影响

5.5.6　卷烟纸助留剂对卷烟燃烧温度的影响

从表 5-65 和图 5-50 可以看出，华丰提供的不同瓜尔胶添加量的卷烟纸在卷烟 C 及卷烟 H 上使用后，对卷烟燃烧温度有一定的影响，瓜尔胶添加量高的卷烟其燃烧最高温度、抽吸最高温平均值、抽吸平均温度、阴燃平均温度及峰值平均温都比瓜尔胶添加量低的卷烟燃烧高。

表 5-65　卷烟最高燃烧温度测定结果

样品编号	最高温/℃	抽吸最高温平均值/℃	抽吸平均温度/℃	阴燃平均温度/℃	峰值平均值/℃
HF6-1(卷烟 C)	1211.34	1144.81	943.65	748.59	1071.12
HF6-2(卷烟 C)	1250.20	1173.71	947.16	754.93	1080.09
HF6-1(卷烟 H)	1229.57	1170.19	950.83	735.88	1095.08
HF6-2(卷烟 H)	1298.39	1183.67	958.91	741.42	1110.15
MF6-1(卷烟 C)	1190.02	1140.72	940.05	753.73	1065.64
MF6-2(卷烟 C)	1211.10	1137.38	922.95	741.04	1049.18
MF6-1(卷烟 H)	1211.37	1171.55	952.44	732.31	1090.74
MF6-2(卷烟 H)	1211.41	1164.54	941.46	733.91	1085.01

民丰提供的不同瓜尔胶添加量的卷烟纸在两个规格的卷烟上使用后对燃烧温度的影响见表 5-65 和图 5-51，除燃烧最高温外，其余温度指标均为瓜尔胶添加量低的卷烟较高。

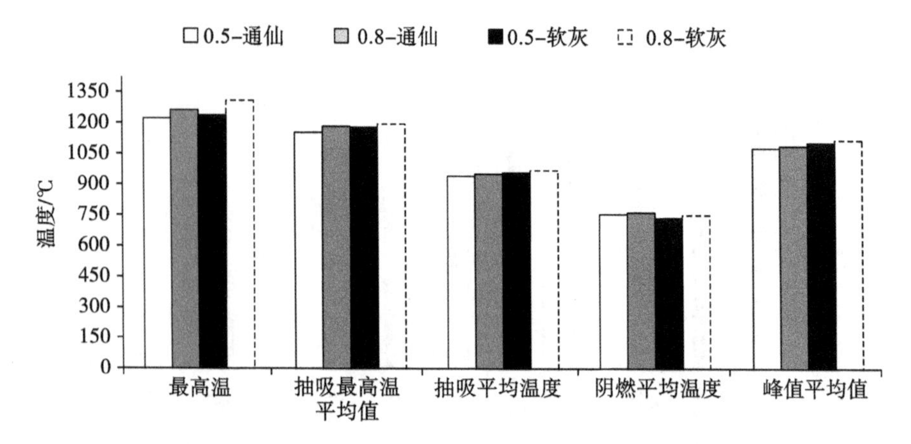

图 5-50　瓜尔胶添加量对卷烟最高燃烧温度的影响(华丰)

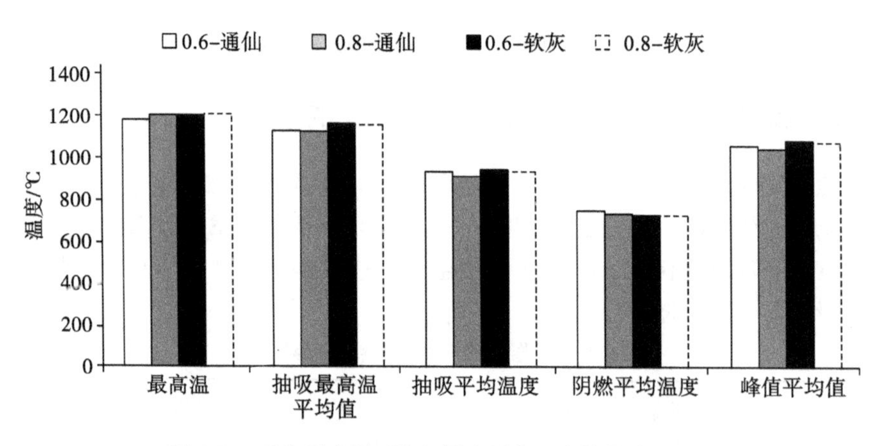

图 5-51　瓜尔胶含量对卷烟最高燃烧温度的影响(民丰)

从表 5-66、图 5-52 和图 5-53 中可以看出，瓜尔胶添加量对卷烟 C 和卷烟 H 的燃烧温度段个数占比的影响及变化趋势是一致的，温度占比最高的是 500～550 ℃，大于 650 ℃的温度占比较小。瓜尔胶的添加量对卷烟温度段个数占比有一定的影响，卷烟 C 在小于 450 ℃时，瓜尔胶添加量低的卷烟其燃烧温度个数占比较多，在 450～650 ℃时相反，大于 650 ℃时趋于一致；卷烟 H 在小于 400 ℃时，瓜尔胶添加量低的卷烟其燃烧温度个数占比较多，在 400～600 ℃时相反，大于600 ℃时趋于一致。

表 5-66　卷烟燃烧温度段个数占比统计结果

编号	温度段/℃	温度段个数占比/(%)							
		C0505	C0602	C1201	C1602	H0505	H0602	H1201	H1602
1	200～250	10.92	10.54	10.33	10.71	11.20	10.98	10.78	10.79
2	250～300	9.76	9.49	9.23	9.41	10.02	9.77	9.48	9.60

续表

编号	温度段/℃	温度段个数占比/(%)							
		C0505	C0602	C1201	C1602	H0505	H0602	H1201	H1602
3	300～350	9.11	8.95	8.63	8.71	9.27	9.07	8.74	8.95
4	350～400	8.96	8.86	8.61	8.59	9.00	8.92	8.61	8.89
5	400～450	9.58	9.55	9.34	9.26	9.45	9.47	9.21	9.53
6	450～500	10.78	10.82	10.72	10.72	10.48	10.71	10.51	10.69
7	500～550	11.69	11.95	12.40	12.41	10.96	11.51	11.93	11.52
8	550～600	9.53	10.30	11.07	10.96	8.96	9.29	10.16	9.56
9	600～650	4.57	4.80	5.23	4.68	4.72	4.71	5.02	5.07
10	650～700	1.45	1.40	1.42	1.08	1.70	1.58	1.66	1.66
11	700～750	0.40	0.37	0.39	0.29	0.53	0.46	0.47	0.45
12	750～800	0.13	0.12	0.13	0.11	0.18	0.16	0.17	0.16
13	800～850	0.07	0.06	0.06	0.05	0.09	0.08	0.09	0.09
14	850～900	0.04	0.04	0.03	0.03	0.06	0.06	0.06	0.06
15	900～950	0.02	0.02	0.02	0.01	0.04	0.03	0.03	0.03
16	950～1000	0.01	0.01	0.01	0.01	0.02	0.02	0.01	0.01
17	1000～1050	0	0	0	0	0.01	0.01	0	0.01
	合计	87.02	87.28	87.62	87.03	86.69	86.83	86.93	87.07

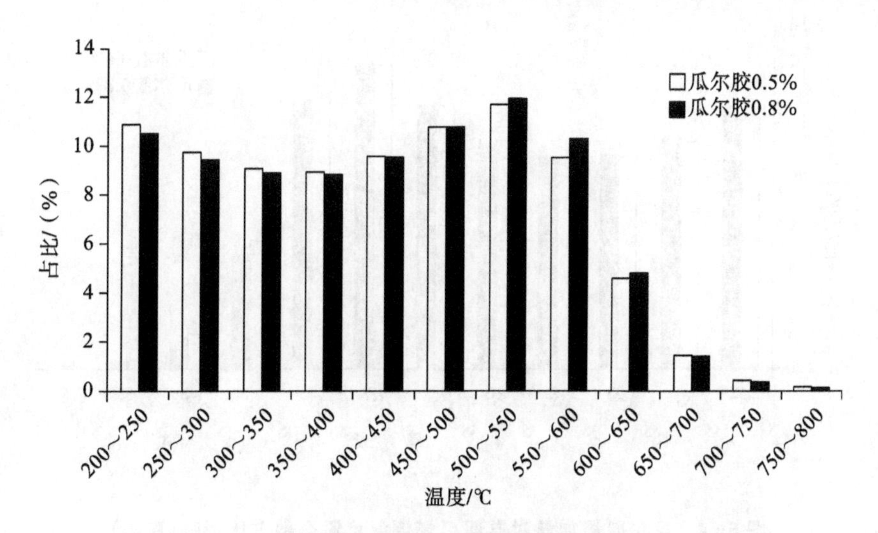

图 5-52　瓜尔胶添加量对卷烟 C 燃烧温度段个数占比影响(华丰)

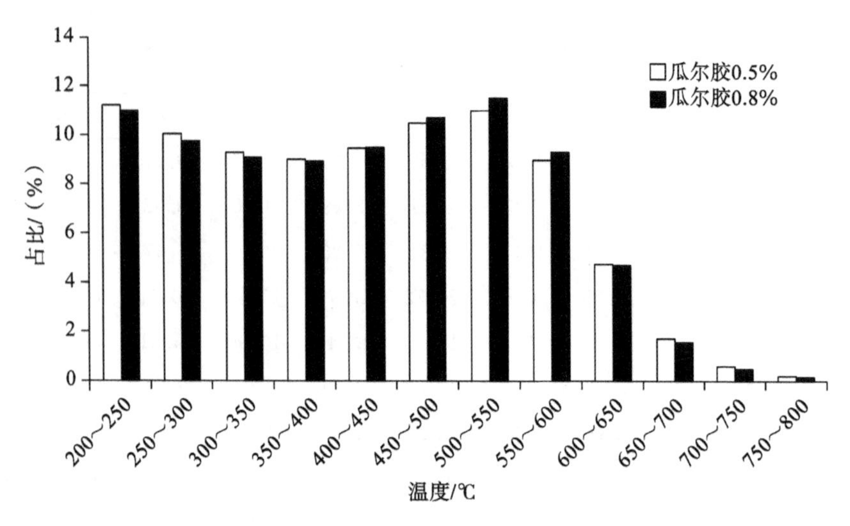

图 5-53　瓜尔胶添加量对卷烟 H 燃烧温度段个数占比影响(华丰)

从表 5-66、图 5-54 和图 5-55 中可以看出，民丰提供的不同瓜尔胶添加量的卷烟纸对卷烟 C 和卷烟 H 的卷烟燃烧温度段个数占比的影响及变化趋势是一致的，温度占比最高的是 500～550 ℃，大于 650 ℃的温度占比较小。瓜尔胶的添加量对卷烟温度段个数占比有一定影响，卷烟 C 在小于 350 ℃时，瓜尔胶添加量高的卷烟其燃烧温度个数占比较多，在 350～800 ℃时相反，在 600～750 ℃时差异相对较大，其余温度段差异较小，大于 800 ℃时趋于一致；卷烟 H 在小于 500 ℃时，瓜尔胶添加量高的卷烟其燃烧温度个数占比较多，在 500～600 ℃时相反，大于 600 ℃时趋于一致。

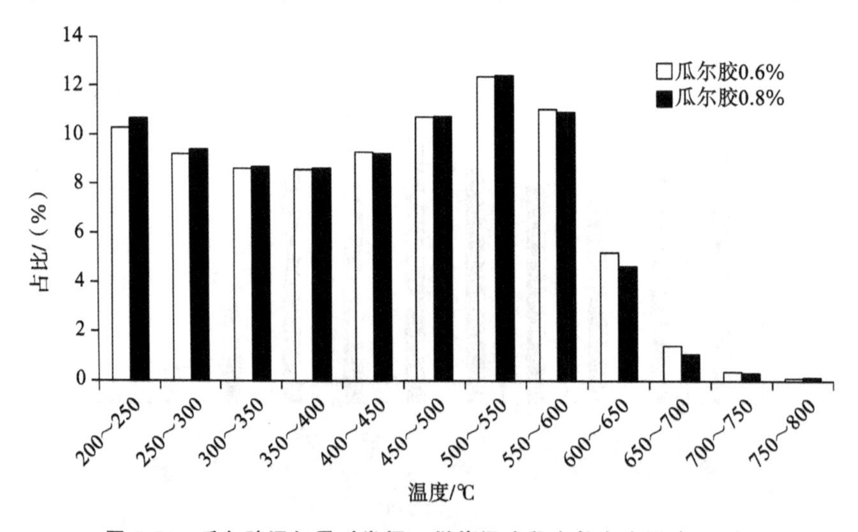

图 5-54　瓜尔胶添加量对卷烟 C 燃烧温度段个数占比影响(民丰)

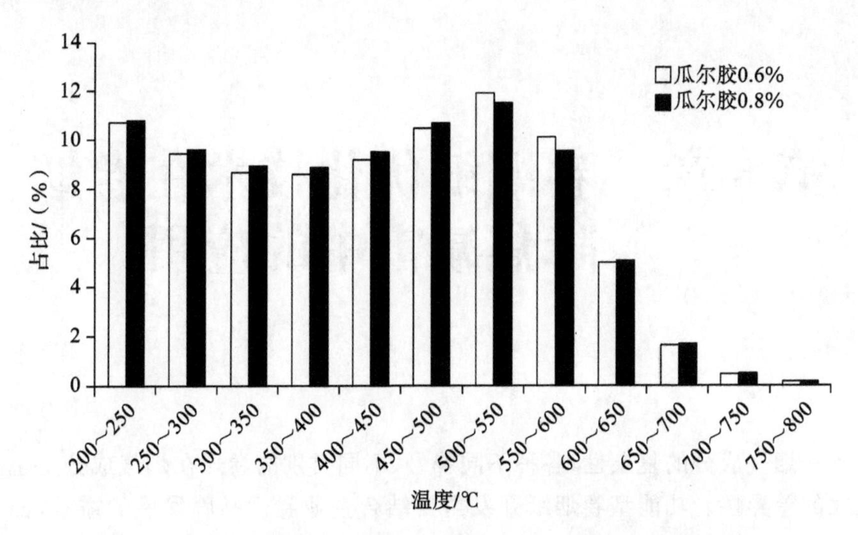

图 5-55　瓜尔胶添加量对卷烟 H 燃烧温度段个数占比影响(民丰)

第6章　卷烟纸优化技术在卷烟降焦减害中的应用

由于烟气成分的复杂性，各种不同牌号、不同类别的卷烟在烟气成分上也存在着较大的差异性。功能型卷烟纸开发需要结合企业卷烟品牌发展的需求，凸显独特的风格，具有鲜明的技术特征，强化和拓展卷烟纸的功能。因此，可针对卷烟的特征抽吸风格进行特定卷烟纸添加剂配方的开发，开发具有降害提质的卷烟纸添加剂产品，是目前研究的热点。本章结合卷烟纸开发的经验，讨论卷烟纸参数优化设计在卷烟降焦减害中的应用实践。

6.1　卷烟香味保障技术

6.1.1　氨基酸及维生素类物质筛选

卷烟纸添加剂随着卷烟抽吸，在高温作用下会发生裂解，裂解后碎片离子发生重组形成新的物质，选择带杂环或具有较长碳链的氨基酸和维生素类物质进行热裂解，考察其在热裂解后是否会产生杂环类香味物质。

6.1.1.1　氨基酸及维生素类物质筛选的材料和方法

材料：

维生素类：V1、V2、V3。

氨基酸类：A1、A2、A3。

GC-MS条件：

毛细管柱：HP-5MS(30 m×0.25 mm×0.25 μm)。

进样口温度：240 ℃。

载气：He。

流速：1 mL/min。

GC-MS 接口温度:250 ℃。

升温程序:50 ℃(1 min)$\xrightarrow{2\ ℃/min}$100 ℃(1 min)$\xrightarrow{8\ ℃/min}$260 ℃(5 min)。

分流比:10∶1。

离子源:EI 源。

电子能量:70 eV。

扫描范围:35～455 amu。

标准图谱库:NIST,WILEY 谱库。

热裂解条件:

初始温度:30 ℃。

升温速率:10.00 ℃/ms。

热裂解温度:300 ℃、500 ℃、700 ℃。

持续时间:15 s。

热裂解氛围:大气环境。

固相微萃取条件:75 μm CAR/PDMS(部分交联/聚二甲基硅氧烷,一般用于气体和小分子量化合物)美国 Supelco 公司。采用黑色萃取头从自行设计的热裂解瓶中对热裂解产物进行萃取,萃取时间为 30 min,萃取温度为 70 ℃,然后将 SPME 进样针头插入气相色谱高温汽化室中进行解吸附,解吸附时间为 2 min。

称取一定量样品(4 mg)加入热裂解专用石英管中,然后将石英管置于热裂解仪的加热丝中,在大气环境和氮气中分别在设定的温度下进行热裂解,固相微萃取头置于自行设计的热裂解瓶中对热裂解产物进行萃取,萃取时间为 30 min,萃取温度为 70 ℃,之后将 SPME 进样针头插在气相色谱的高温汽化室中进行解吸附,解吸附时间为 2 min,热裂解产物进入气相色谱/质谱(GC/MS)进行分离与鉴定,进行标准谱库检索。

6.1.1.2　氨基酸及维生素类物质筛选的实验结果

V1 在 300 ℃条件下热裂解产物见表 6-1 所示。

表 6-1　V1 在 300 ℃条件下热裂解产物

RT/min	化　合　物	Area/(%)
1.54	乙醇	1.06
1.95	2-甲基-呋喃	1.50
2.37	2,3-二氢-5-甲基-呋喃	1.26
3.05	3-戊烯-2-酮	0.42
3.51	2-甲基-噻吩	0.87

续表

RT/min	化　合　物	Area/(%)
4.23	异氰硫基-环丙烷	1.18
6.46	5-氯-2-戊酮	27.47
8.43	八甲基-环丁硅氧烷	0.45
9.40	5-乙烯基-4-甲基-噻唑	32.85
11.62	壬醛	1.67
14.62	癸醛	0.30
15.83	1,2-乙烷二磺酸化合物 with 5-(2-氯乙基)-4-甲基噻唑(1∶2)	7.14
26.00	邻苯二甲酸二丁酯	2.63
27.19	邻苯二甲酸丁基 2-乙基-己基酯	0.84
27.52	4-羟基-6-甲基六氢嘧啶-2-硫酮	0.64

V1 在 600 ℃条件下热裂解产物见表 6-2 所示。

表 6-2　V1 在 600 ℃条件下热裂解产物

RT/min	化　合　物	Area/(%)
1.85	丙烷腈	1.13
1.94	3-丁烯腈	0.84
1.99	乙酸	1.18
3.70	乙酰胺	0.36
6.83	4,5-二甲基-噻唑	0.91
6.97	2,5-二甲基-吡嗪	0.22
8.24	苯基氰	0.12
8.88	3-吡啶腈	0.16
9.06	4-甲基-5-乙基噻唑	1.07
9.40	5-乙烯基-4-甲基-噻唑	16.30
11.74	5-甲酰-4-甲基噻唑	1.33
13.07	十甲基环戊硅氧烷	0.56
15.21	苯并噻唑	0.52
15.85	1,2-乙烷二磺酸化合物和 5-(2-氯乙基)-4-甲基噻唑(1∶2)	32.39
16.59	4-甲基-5-噻唑乙醇	6.28
25.99	邻苯二甲酸二丁酯	2.66
27.18	邻苯二甲基二异丁酯	0.73

V1 在 900 ℃条件下热裂解产物见表 6-3 所示。

表 6-3　V1 在 900 ℃条件下热裂解产物

RT/min	化　合　物	Area/(%)
1.68	丙烯腈	1.92
1.94	3-丁烯腈	2.18
2.47	2-丁烯腈	0.93
3.32	2-氯-2-丙烯腈	0.16
3.57	2,4-戊二烯腈	0.47
3.66	乙酰胺	0.30
4.90	异氰硫基-环丙烷	0.11
6.54	甲氧基-苯基-肟	0.63
8.24	三环[3.1.0.0(2,4)]己-3-烯-3-腈	2.71
8.44	八甲基-环丁硅氧烷	6.50
8.88	3-吡啶腈	0.14
9.07	4-甲基-5-乙基噻唑	0.10
10.63	2-甲基-苯基氰	0.17
11.28	3-甲基-苯基氰	0.37
11.75	5-甲酰-4-甲基噻唑	1.24
11.98	3-甲基噻吩-2-腈	0.14
14.14	萘	0.14
14.37	苯并[b]噻吩	0.37
14.99	(E)-3-苯基-2-丙烯腈	0.06
15.22	苯并噻唑	0.52
15.86	1,2-乙烷二磺酸化合物和 5-(2-氯乙基)-4-甲基噻唑(1∶2)	16.79
16.28	1,3-苯二腈	0.22
16.60	4-甲基-5-噻唑乙醇	1.97
17.25	十二甲基环己硅烷	0.67
20.39	3-异丙氧基-1,1,1,7,7,7-六甲基-3,5,5-三(三甲基硅烷氧)四硅氧烷	0.30
20.70	2-萘腈	0.74
21.89	1,13-十四碳二烯	0.06
21.99	1-十三烯	0.10

续表

RT/min	化　合　物	Area/(%)
26.00	邻苯二甲基二异丁酯	1.19
26.60	邻苯二甲酸丁基辛基酯	0.08
27.20	邻苯二甲酸二丁酯	0.37

V2 在 300 ℃条件下热裂解产物见表 6-4 所示。

表 6-4　V2 在 300 ℃条件下热裂解产物

RT/min	化　合　物	Area/(%)
1.55	乙醇	1.56
1.77	盐酸	2.88
1.92	乙酸	1.84
4.23	六甲基-环丙硅氧烷	19.79
4.57	糠醛	2.99
8.25	苯基氰	0.51
8.66	辛醛	0.60
11.61	壬醛	2.72
13.07	十甲基-环戊硅氧烷	3.95
14.60	1,1-十二烷二醇二乙酸酯	0.46
16.60	4-甲基-5-噻唑乙醇	2.93
17.25	十二甲基环己硅烷	1.96
26.00	邻苯二甲基二异丁酯	5.85
27.19	邻苯二甲酸丁基 2-乙基-己基酯	1.92

V2 在 600 ℃条件下热裂解产物见表 6-5 所示。

表 6-5　V2 在 600 ℃条件下热裂解产物

RT/min	化　合　物	Area/(%)
1.54	乙醇	7.24
1.76	盐酸	48.27
2.00	甲酸	5.42
2.20	乙酸	3.87
4.25	六甲基-环丙硅氧烷	7.48
5.30	1,3-二甲基-苯	0.14

续表

RT/min	化　合　物	Area/(%)
8.42	八甲基-环丁硅氧烷	2.08
11.61	壬醛	0.93
13.08	十甲基-环戊硅氧烷	1.04
14.61	癸醛	0.40
16.17	2-氨基苯甲醇	0.16
17.25	十二甲基环己硅烷	0.60
19.71	2,2′-联吡啶	0.19
21.32	2,3′-二吡啶	1.07
24.30	N-(2,4-二硝基苯甲酰氨基)-3-吡啶氨甲酰	0.32
25.99	邻苯二甲基二异丁酯	2.71

V2在900 ℃条件下热裂解产物见表6-6所示。

表6-6　V2在900 ℃条件下热裂解产物

RT/min	化　合　物	Area/(%)
1.47	盐酸	13.71
1.66	丙烯腈	9.11
1.91	乙酸	6.89
2.44	3-丁烯腈	2.10
3.41	甲苯	0.38
3.55	2,4-戊二烯腈	1.44
4.23	六甲基-环丙硅氧烷	5.16
5.35	4-甲基-吡啶	0.33
7.59	苯甲醛	0.50
8.24	三环[3.1.0.02,6]己-3-烯-3-腈	6.23
10.63	苯甲基睛	1.16
11.28	4-甲基-苯基氰	0.82
13.09	十甲基-环戊硅氧烷	3.24
14.15	萘	0.51
17.26	十二甲基环己硅烷	1.76
18.63	1-十五碳烯	0.26

续表

RT/min	化　合　物	Area/(%)
26.01	邻苯二甲酸丁基环己基酯	10.41
27.20	邻苯二甲酸二丁酯	2.98

V3 在 300 ℃条件下热裂解产物见表 6-7 所示。

表 6-7　V3 在 300 ℃条件下热裂解产物

RT	化　合　物	Area/(%)
1.65	盐酸	26.48
1.85	甲酸	7.96
2.06	乙酸	2.84
4.25	六甲基-环丙硅氧烷	19.12
8.43	八甲基-环丁硅氧烷	4.11
15.84	5-(2-氯乙基)-4-甲基-噻唑	1.84
25.99	邻苯二甲基二异丁酯	5.64

V3 在 600 ℃条件下热裂解产物见表 6-8 所示。

表 6-8　V3 在 600 ℃条件下热裂解产物

RT/min	化　合　物	Area/(%)
1.70	丙烯腈	0.70
2.24	盐酸	3.99
2.49	2-丁烯腈	0.35
3.31	吡啶	74.97
3.71	(E)-2-戊烯腈	0.76
3.79	3-戊烯腈	1.29
8.69	烟醛	0.26
8.88	4-吡啶腈	0.28
14.61	癸醛	0.40
15.35	3-甲基-1H-吲哚	0.56
15.57	异喹啉	0.47
15.84	5-(2-氯乙基)-4-甲基-噻唑	0.12
16.19	3-吡啶羧酸	2.88
19.71	2,2′-联吡啶	0.16

续表

RT/min	化 合 物	Area/(%)
21.30	2,3′-二吡啶	2.58
21.41	4,4′-联吡啶	2.80
24.21	亚甲基-丙烷二腈	0.13
24.30	芳庚酮[2,4,6-环庚三烯-1-酮]	0.96
25.99	邻苯二甲酸二丁酯	0.40

V3在900 ℃条件下热裂解产物见表6-9所示。

表6-9 V3在900 ℃条件下热裂解产物

RT/min	化 合 物	Area/(%)
1.68	丙烯腈	1.17
2.46	3-丁烯腈	0.39
3.11	吡啶	53.48
3.56	2,4-戊二烯腈	1.42
3.77	2-亚甲基-丁腈	0.43
5.18	3-甲基-吡啶	0.10
6.88	2-乙烯基-吡啶	0.08
7.78	3-乙烯基-吡啶	0.17
8.24	苯基氰	0.10
8.68	4-吡啶甲醛	0.10
8.88	3-吡啶腈	0.19
10.56	2-吡啶腈	0.09
14.97	2-甲基-1H-吲哚	0.19
15.54	喹啉	1.81
16.08	异喹啉	0.75
16.42	3-吡啶羧酸	1.95
17.33	7-甲基-喹啉	0.14
19.38	2-氰基-苯乙腈	0.07
19.70	2,2′-联吡啶	1.62
20.02	1,2-二氢-环丁[b]喹啉	0.09
20.90	1H-吡咯-2-腈	0.14

续表

RT/min	化　合　物	Area/(%)
21.32	2,3′-二吡啶	10.07
21.99	[1,1′-联苯]-3-胺	0.33
24.20	丁-2-烯二腈	0.28
26.00	邻苯二甲酸二丁酯	1.19

结果显示，上述三种维生素热解时均会产生小分子酸、腈类等物质。

A1 在 300 ℃条件下热裂解产物见表 6-10 所示。

表 6-10　A1 在 300 ℃条件下热裂解产物

RT	化　合　物	Area/(%)
1.95	己烷	8.37
2.45	未知物	57.29
3.35	吡咯	5.94
25.97	邻苯二甲基二异丁酯	2.79

A1 在 600 ℃条件下热裂解产物见表 6-11 所示。

表 6-11　A1 在 600 ℃条件下热裂解产物

RT	化　合　物	Area/(%)
2.46	未知物	18.88
2.63	吡咯烷	13.47
3.11	1-甲基-1H-吡咯	2.57
3.35	吡咯	16.04
4.05	4-甲基-吡啶	1.10
4.21	1-乙基-1H-吡咯	3.80
4.79	3-甲基-1H-吡咯	0.40
8.5	1-丁基-1H-吡咯	0.97
12.03	2,3-二氢-1H-吲哚	1.00
16.58	1-三氟乙酰氧基癸烷	0.20
17.59	1,2,3,4-四氢-喹啉	0.40
20.73	N,N-二甲基-环己胺	1.90
21.47	N-乙基-环己胺	0.72
25.97	邻苯二甲基二异丁酯	0.99

A1 在 900 ℃条件下热裂解产物见表 6-12 所示。

表 6-12　A1 在 900 ℃条件下热裂解产物

RT	化 合 物	Area/(%)
1.68	丙烯腈	0.53
2.22	巴豆醛	0.93
2.31	苯	0.22
3.16	吡啶	1.89
3.33	吡咯	17.90
3.51	吡咯烷	0.74
3.58	2,4-戊二烯腈	4.02
4.18	1-乙基-1H-吡咯	1.93
4.28	2-甲基-吡啶	1.05
4.77	2-甲基-1H-吡咯	0.50
4.94	3-甲基-1H-吡咯	0.47
5.24	4-甲基-吡啶	0.52
6.26	(E,E)-2,4-己二烯醛	1.48
6.88	2-乙烯基-吡啶	1.09
7.59	苯甲醛	0.27
7.8	3-乙烯基-吡啶	0.47
8.24	苯基氰	6.98
9.46	3-甲基-吡啶	0.52
9.91	未知物	6.84
10.51	m-乙基苯胺	0.83
10.57	2-甲基-苯甲醛	0.20
10.62	2-甲基-苯基氰	0.39
11	3-甲基-苯甲醛	0.61
11.69	3-甲基-苯基氰	0.23
14.11	萘	3.06
15.21	3-氨基-苯酚	0.53
15.56	异喹啉	1.12
17.03	1-异氰基-4-甲基-苯	0.29

续表

RT	化　合　物	Area/(%)
17.58	2,4,6-三甲基-苯基氰	0.39
20.69	1-萘腈	0.70
21.14	1-异氰基-萘	0.31
25.97	邻苯二甲基二异丁酯	0.79

A2 在 300 ℃条件下热裂解产物见表 6-13 所示。

表 6-13　A2 在 300 ℃条件下热裂解产物

RT	化　合　物	Area/(%)
1.92	丁醛	37.76
6.58	N-亚丁基-1-丁胺	10.55
8.5	1-丁基-1H-吡咯	2.33
8.6	2-乙基-2-己醛	11.47
25.96	邻苯二甲酸二丁酯	4.40

A2 在 600 ℃条件下热裂解产物见表 6-14 所示。

表 6-14　A2 在 600 ℃条件下热裂解产物

RT	化　合　物	Area/(%)
1.72	丙烯腈	0.263
1.93	丁醛	8.91
2.25	巴豆醛	1.50
2.49	2-丁烯腈	1.19
3.24	2,4-戊二烯腈	0.09
3.34	吡咯	0.13
5.65	3-庚酮	0.10
6.13	1-(2-甲基-1-环戊烯-1-基)-乙酮	0.14
6.54	2-甲基哌啶	3.74
6.87	3,4-二氢-2H-吡喃-2-甲醛	0.27
8.6	2-乙基-2-己醛	2.35
13.41	2-乙基-6-甲基苯胺	0.37
14.45	3,4-二甲基苯胺	0.10
25.97	邻苯二甲基二异丁酯	0.84

续表

RT	化　合　物	Area/(%)
27.17	邻苯二甲酸丁基环己基酯	0.17

A2 在 900 ℃条件下热裂解产物见表 6-15 所示。

表 6-15　A2 在 900 ℃条件下热裂解产物

RT	化　合　物	Area/(%)
1.71	丙烯腈	1.06
1.93	丁醛	20.87
2.25	巴豆醛	2.94
2.49	3-丁烯腈	1.16
4.95	2-己烯醛	0.24
6.56	N-亚丁基-1-丁胺	1.78
7.6	苯甲醛	0.46
8.25	三环[3.1.0.0(2,4)]己-3-烯-3-腈	0.56
8.61	2-乙基-2-己醛	2.34
13.42	2,4,6-二甲基-苯胺	0.67
14.46	2,6-二甲基苯胺	0.31
17.95	N,3-二甲基-苯胺	0.38
21.33	未知物	4.29
21.59	未知物	1.49
21.65	未知物	1.31
21.76	未知物	6.09
25.97	邻苯二甲酸二丁酯	1.38
27.17	邻苯二甲酸丁基辛基酯	0.22

A3 在 300 ℃条件下热裂解产物见表 6-16 所示。

表 6-16　A3 在 300 ℃条件下热裂解产物

RT	化　合　物	Area/(%)
8.67	己醛	4.18
14.6	癸醛	5.88
25.97	邻苯二甲基二异丁酯	22.50
27.17	邻苯二甲酸二丁酯	5.89

A3 在 600 ℃条件下热裂解产物见表 6-17 所示。

表 6-17 A3 在 600 ℃条件下热裂解产物

RT	化 合 物	Area/(%)
1.8	异丁烯醛	1.02
1.9	未知物	6.88
2.6	2-丁胺	0.50
2.97	乙酸	1.07
3.41	甲苯	1.87
5.8	苯乙烯	8.50
7.59	苯甲醛	4.76
8.25	三环[3.1.0.0(2,4)]己-3-烯-3-腈	10.40
8.39	未知物	8.84
25.97	邻苯二甲酸二丁酯	6.33
27.16	邻苯二甲酸丁基辛基酯	1.53

A3 在 900 ℃条件下热裂解产物见表 6-18 所示。

表 6-18 A3 在 900 ℃条件下热裂解产物

RT	化 合 物	Area/(%)
1.85	异丁烯醛	8.43
2.05	乙酸	2.10
2.25	巴豆醛	3.69
2.49	2-丁烯腈	3.36
3.25	吡啶	1.05
3.45	甲苯	1.54
3.52	2-甲代-1-烯丙基氰化物	1.91
3.6	2,4-戊二烯腈	0.65
3.71	(E)-2-甲基-2-丁烯醛	1.88
5.32	1,2-二甲基-苯	0.87
5.81	苯乙烯	1.98
7.59	苯甲醛	3.90
8.25	三环[3.1.0.0(2,4)]己-3-烯-3-腈	7.80
10.63	4-甲基-苯基氰	1.43

续表

RT	化 合 物	Area/(%)
11	2-甲基-苯甲醛	0.47
11.27	3-甲基-苯基氰	0.71
14.12	萘	3.17
20.69	1-萘腈	0.66
27.16	邻苯二甲酸二丙酯	0.63

三种氨基酸在热解时会产生胺、腈、苯甲醛等成分，感官评价结果表明三种氨基酸的添加对卷烟抽吸品质无明显提升。

6.1.2　糖类、有机酸类及天然提取物筛选

结合具体牌号卷烟的抽吸风格特征和产品开发要求，吸味调节剂的筛选主要目标是降低卷烟抽吸时的刺激和干燥感，提升卷烟舒适性和凸显卷烟的香韵。

水溶性还原糖在烟支燃烧时能产生酸性反应，抑制烟气中碱性物质的碱性，使烟气的酸碱平衡适度，降低刺激，产生令人满意的吃味；另外，在卷烟燃烧过程中，糖类是形成香气物质的重要前体物；烟草中特有的有机酸，可以提升卷烟舒适性、协调烟香。因此，将水溶性还原糖和烟草中特有的有机酸作为提升卷烟抽吸品质的筛选对象。天然提取物具有独特的香气，可以赋予卷烟独特的风格特征，选择添加天然提取物增加卷烟的香韵。

6.1.2.1　糖类、有机酸类及天然提取物筛选的材料和方法

材料：

糖类：RT-A、RT-B、RT-C、RT-D；

有机酸类：S-1、S-2、S-3、S-4；

天然提取物：R-1、R-2、R-3、R-4。

方法：

用蒸馏水将上述材料配成一定浓度的溶液，用 1 mL 滴管吸取 0.05 mL 上述溶液，均匀地涂于未添加卷烟纸添加剂的烟管上，自然晾干后手工填充烟丝。对照样品直接在烟管上涂水晾干后手工填充烟丝。

组织具有国家卷烟评吸资格的专家评吸组 11 人进行卷烟感官评吸，并记录评析结果。天然提取物筛选的感官评吸侧重于香气风格。

6.1.2.2　糖类、有机酸类及天然提取物筛选的实验结果

添加糖类卷烟的感官评价结果见表 6-19。由表 6-19 可知：添加 RT-A 后，卷

烟舒适性改善不大，且协调和杂气方面与对照相比有所下降；添加 RT-B 后，卷烟与对照相比舒适性有所下降；添加 RT-C 后，卷烟与对照相比，舒适性提升，且对香气、协调、杂气和余味没有负面影响；添加 RT-D 后，卷烟的舒适性有所提升，但是对卷烟的香气和协调性影响较大。根据评吸结果，选择 RT-C 用于卷烟纸的开发。

表 6-19　糖类感官评吸结果

样　品	添加浓度	评吸结果				
		香气	刺激	协调	杂气	余味
RT-A	0.1%	=	=	↓	↓	=
RT-A	0.2%	↓	=	↓	↓	=
RT-B	0.1%	↑	↓	=	=	=
RT-B	0.2%	↑	↓	↓	↓	↓
RT-C	0.1%	=	↑	=	=	↑
RT-C	0.2%	↑	↑	=	=	↑
RT-D	0.1%	↓	↑	↓	=	=
RT-D	0.2%	↓	↑	↓	=	=
对照	涂水	香气透发，协调性较好，口腔及鼻腔稍刺，余味较纯净				

注：↑表示与对照相比有所提升；↓与对照相比有所下降；=表示与对照相当；下同。

添加有机酸卷烟的感官评吸结果见表 6-20。由表 6-20 可知：添加 S-1 后，卷烟舒适性明显改善，余味较好，且对香气、协调、杂气没有负面影响；添加 S-2 后，卷烟与对照相比舒适性没有明显改善，且香气稍显沉闷；添加 S-3 后，卷烟与对照相比没有明显变化；添加 S-4 后，卷烟的舒适性、香气、协调均不如对照卷烟。根据评吸结果，选择 S-1 用于卷烟纸的开发。

表 6-20　有机酸类感官评吸结果

样　品	添加浓度	评吸结果				
		香气	刺激	协调	杂气	余味
S-1	0.1%	=	↑	↑	=	↑
S-1	0.2%	↑	↑	=	=	↑
S-2	0.1%	↓	=	=	=	=
S-2	0.2%	↓	=	=	=	=
S-3	0.1%	=	=	=	=	=
S-3	0.2%	=	=	=	=	=

续表

样品	添加浓度	评吸结果				
		香气	刺激	协调	杂气	余味
S-4	0.1%	↓	↓	↓	=	=
S-4	0.2%	↓	↓	↓	=	=
对照	涂水	香气透发,协调性较好,口腔及鼻腔稍刺,余味较纯净				

添加天然提取物的卷烟的感官评吸结果见表6-21。由表6-21可知:R-4可以赋予卷烟清香的风格特征,并且对卷烟的其他抽吸品质如刺激、协调、杂气、余味没有负面影响,因此选择其进行卷烟纸配方开发。

表6-21 天然提取物类感官评吸结果

样品	添加浓度	评吸结果				
		香气特征	刺激	协调	杂气	余味
R-1	0.1%	弱药草香	↑	↓	↓	=
R-1	0.2%	弱药草香	↑	↓	↓	=
R-2	0.1%	青香	↑	=	=	=
R-2	0.2%	青香	↑	=	=	=
R-3	0.1%	甜香	=	↓	↓	=
R-3	0.2%	甜香	=	↓	↓	=
R-4	0.1%	果香	=	=	=	=
R-4	0.2%	果香	=	=	=	=
对照	涂水	香气透发,协调性较好,口腔及鼻腔稍刺,余味较纯净				

6.2 降CO功能卷烟纸的开发

本节主要阐述可以降低卷烟的焦油、CO和改善吸味的卷烟纸参数优化。

6.2.1 降CO功能卷烟纸的开发的材料与方法

6.2.1.1 实验材料

用空白烟管(未添加助剂,卷烟纸规格:28 g/m²、50 CU);某一规格卷烟;助剂单体J3、J7、J9、J10、RT-C、S-1、R-4、T。

6.2.1.2 实验方法

1. 样品制备

按表 6-22 进行卷烟纸助剂配方的实验室小样制备。

表 6-22 实验室样品卷烟纸助剂配方组成表

配方编号	J3/(%)	J7/(%)	J9/(%)	J10/(%)	N/(%)	RT-C/(%)	S-1/(%)	R-4/(%)	总/(%)
FJ-1	1.4	0.4	0.2	—	0.1	0.1	0.1	0.1	2.4
FJ-2	1.0	—	0.2	0.6	0.1	0.2	0.2	0.1	2.4
FJ-3	0.9	0.3	0.2	0.4	0.1	0.1	0.1	0.1	2.2
FJ-4	1.0	—	0.3	0.4	0.1	0.2	0.2	0.2	2.3
FJ-5	—	—	0.8	1.2	0.1	0.1	0.1	0.1	2.4
FJ-6	1.0	—	0.8	—	0.1	0.1	0.1	0.1	2.2

将上述四种溶液涂于空白卷烟纸上，自然晾干后填充某一烟丝，对照为：对照样本的烟丝吹出再手工填充。

2. 实验室样品的烟气检测

按 GB/T 16450—2004《常规分析用吸烟机 定义和标准条件》定义吸烟机抽吸条件。

按 GB/T 23356—2009《卷烟 烟气气相中一氧化碳的测定 非散射红外法》测定主流烟气中总粒相物(TPM)和一氧化碳(CO)的含量。

3. 实验室样品的感官评价

采用 GB 5606.4—2005《卷烟 第 4 部分：感官技术要求》中的方法进行卷烟感官评吸，采用暗评计分方法。

6.2.2 实验室样品的评价结果

6.2.2.1 实验室卷烟烟气检测结果

卷烟纸添加剂 FJ-1、FJ-2、FJ-3、FJ-4、FJ-5、FJ-6 在卷烟 H 所用卷烟纸上使用后对卷烟主流烟气影响的结果见表 6-23 和表 6-24。

表 6-23　实验室样品常规烟气检测结果

样品名称	总粒相物/(毫克/支)	水分/(毫克/支)	烟气烟碱量/(毫克/支)	焦油量/(毫克/支)	抽吸口数/(口/支)	一氧化碳/(毫克/支)	Tar/CO
对照	14.55	1.42	1.13	12.00	6.9	11.49	1∶0.96
FJ-1	14.02	1.20	1.09	11.72	6.6	10.60	1∶0.90
FJ-2	14.21	1.22	1.12	11.87	6.7	10.65	1∶0.90
FJ-3	13.80	1.08	1.09	11.63	6.8	10.48	1∶0.90
FJ-4	14.23	1.08	1.14	12.00	6.9	10.66	1∶0.89
FJ-5	14.02	1.32	1.10	11.60	6.7	10.44	1∶0.90
FJ-6	14.35	1.34	1.12	11.88	6.9	10.79	1∶0.91

表 6-24　实验室样品常规烟气降低率

样品名称	TPM 降低率/(%)	Tar 降低率/(%)	CO 降低率/(%)	单口 Tar/(毫克/口)	单口 CO/(毫克/口)
对照	—	—	—	1.74	1.67
FJ-1	3.64	2.33	7.75	1.78	1.61
FJ-2	2.34	1.08	7.31	1.77	1.59
FJ-3	5.15	3.08	8.79	1.71	1.54
FJ-4	2.20	0.00	7.22	1.74	1.54
FJ-5	10.19	3.33	9.14	1.73	1.56
FJ-6	1.37	1.00	6.09	1.72	1.56

从表 6-23 和表 6-24 中的数据可以看出，相对于卷烟 H 的成品烟，六种功能性卷烟纸助剂对焦油的降幅不同，除 FJ-4 外，其余助剂对卷烟焦油均呈现或多或少的降幅，而对于卷烟烟气 CO 而言，六种功能性卷烟纸助剂对烟气 CO 的降幅较高，分别为：FJ-5＞FJ-3＞FJ-1＞FJ-2＞FJ-4＞FJ-6。其中，FJ-1 卷烟焦油 11.72 毫克/支，CO 10.60 毫克/支，与对照卷烟比较，主流烟气中焦油降低了 2.33%，CO 降低了 7.75%；FJ-3 卷烟焦油 11.63 毫克/支，CO 10.48 毫克/支，与对照卷烟比较，主流烟气中焦油降低了 3.08%，CO 降低了 8.79%；FJ-5 卷烟焦油 11.60 毫克/支，CO 10.44 毫克/支，与对照卷烟比较，主流烟气中焦油降低了 3.33%，CO 降低了 9.14%。因此，选定 FJ-1、FJ-3 和 FJ-5 进行卷烟感官质量评价。

6.2.2.2　实验室卷烟感官质量评价

表 6-25 是针对卷烟 H 的卷烟感官质量评吸结果。可以看出，FJ-3、FJ-5 卷烟

在香气、杂气、余味等方面均优于对照卷烟。

表 6-25 实验室样品卷烟感官质量评价

样品编号	光泽(5)	香气(32)	协调(6)	杂气(12)	刺激(20)	余味(25)	合计
对照	5.00	29.47	5.00	10.90	17.89	22.40	90.66
FJ-1	5.00	29.50	4.90	10.95	17.45	22.47	90.27
FJ-3	5.00	29.61	5.00	10.95	17.99	22.43	90.98
FJ-5	5.00	29.69	5.00	10.96	17.89	22.41	90.95

6.2.3 第一次中试评价结果

6.2.3.1 第一次卷烟纸实验设计

第一次中试样品卷烟纸助剂配方组成见表 6-26。

表 6-26 第一次中试样品卷烟纸助剂配方组成

配方编号	J3 /(%)	J7 /(%)	J9 /(%)	J10 /(%)	N /(%)	RT-C /(%)	S-1 /(%)	R-4 /(%)	总 /(%)
RSHF-62	1.0	—	0.3	0.9	0.1	0.1	—	0.1	2.6
RSHF-63	1.2	0.2	0.2	0.8	0.1	—	0.1	0.1	2.7

6.2.3.2 第一次卷烟纸中试生产

两个卷烟纸助剂配方均可顺利添加在卷烟纸的生产过程中，对卷烟纸的正常生产未产生任何不良影响(见表 6-27)。

表 6-27 第一次中试试验设计及编号说明

样品编号	助剂名称	卷烟纸规格	添加量/(%)
A	RSHF-62	27 g/m^2,50 CU	2.6
B	RSHF-63	27 g/m^2,50 CU	2.7

6.2.3.3 第一次卷烟纸常规烟气检测结果

第一次中试样品常规烟气检测结果见表 6-28，第一次中试样品常规烟气成分降低率见表 6-29。

表 6-28 第一次中试样品常规烟气检测结果

样品	总粒相物/mg	抽吸口数/(口/支)	水分/mg	焦油量/mg	烟碱量/mg	一氧化碳/mg
对照	14.46	6.3	2.18	11.2	1.08	12.5
豪运 A	14.06	6.4	2.14	10.9	1.04	11.4
豪运 B	13.88	6.4	2.06	10.8	1.02	11.3

表 6-29 第一次中试样品常规烟气成分降低率

样品名称	焦油降低率/%	CO 降低率/%	单口焦油/(mg/口)	单口 CO/(mg/口)
对照	—	—	1.78	1.98
豪运 A	2.68	8.8	1.70	1.78
豪运 B	3.57	9.6	1.69	1.77

从以上检测结果可以看出，新型功能卷烟纸在对照卷烟上应用后，其实测焦油、烟碱和 CO 值能够到达该规格卷烟设定的盒标值规定的偏差范围【盒标目标值：焦油(10 mg)、烟碱(1.0 mg)、CO(11 mg)】。从表 6-28 和表 6-29 中的结果可以看出，两个样品对 CO 的降幅均达到了 8%以上，其中 RSHF-63 对 CO 的降幅达到了 9.6%，同时两样品的单口焦油和单口 CO 均有降低。

6.2.3.4 第一次卷烟纸感官质量评价结果

针对中试样进行了感官评价，感官结果感官品质较开发目标仍有一定的差距，须继续进行配方优化及评价。

6.2.4 第二次中试评价结果

针对前次中试样品吸味存在的缺陷，在 A 助剂配方的基础上重新对配方进行优化，开发了两个助剂配方，拟在对照卷烟上再进行一次中试。

6.2.4.1 第二次卷烟纸实验设计

第二次中试样品卷烟纸助剂配方组成见表 6-30 所示。

表 6-30　第二次中试样品卷烟纸助剂配方组成

配方编号	J3/(%)	J7/(%)	J10/(%)	RT-C/(%)	S-1/(%)	N/(%)	总/(%)
RSHF-65	1.72	0.43	—	0.22	0.11	0.32	2.8
RSHF-66	1.79	0.45	0.22	0.24	—	0.1	2.8

6.2.4.2　第二次卷烟纸中试生产

两个卷烟纸助剂配方均可顺利添加在卷烟纸的生产过程中，对卷烟纸的正常生产不产生任何不良影响。

第二次中试样品试验设计及编号说明见表 6-31 所示。

表 6-31　第二次中试样品试验设计及编号说明

样品编号	助剂名称	卷烟纸规格	添加量/(%)
1#	RSHF-65	27 g/m^2,50 CU	2.8
3#	RSHF-66	27 g/m^2,50 CU	2.8

6.2.4.3　第二次卷烟纸常规烟气检测结果

第二次中试样品常规烟气检测结果见表 6-32 所示。

表 6-32　第二次中试样品常规烟气检测结果

样品名称	总粒相物/mg	抽吸口数/(口/支)	水分/mg	焦油量/mg	烟碱量/mg	一氧化碳/mg
对照	14.53	5.8	2.25	11.3	0.99	14.1
1#	13.49	6.0	1.90	10.6	0.96	11.9
3#	13.87	5.9	2.14	10.5	0.97	12.4

第二次中试样品烟气常规成分降低率见表 6-33 所示。

表 6-33　第二次中试样品烟气常规成分降低率

样品名称	焦油降低率/(%)	CO 降低率/(%)	单口 Tar/(毫克/口)	单口 CO/(毫克/口)
对照	—	—	1.95	2.43
1#	6.19	15.60	1.77	1.98
3#	4.42	12.06	1.78	2.10

从表 6-32 和表 6-33 中的数据可以看出，与对照相比，1#、3#样品实现了对 CO 达到 10%以上降幅的目标。

6.2.4.4　第二次卷烟纸感官质量评价结果

根据感官评价结果(见表 6-34)，RSHF-65 功能卷烟纸达到了产品应用要求，且 CO 降低幅度达到了 15.60%，可以实现了批量应用。

第二次卷烟纸感官评价结果见表 6-34 所示。

表 6-34　第二次卷烟纸感官评价结果

评析目的	《新型功能卷烟纸的开发与应用》项目样品
样品说明	0 号为对照样；1 号为试制样
评吸人员	评吸描述
专家 1	1≥0
专家 2	1>0
专家 3	差异不大
专家 4	1≥0
专家 5	差异不大
专家 6	0≤1
专家 7	差异不大
专家 8	差异不大
专家 9	1≥0
专家 10	差异不大
综合结论	内在质量差异不大，可以切换使用

6.3　基于卷烟纸特性参数的卷烟产品质量稳定技术应用

卷烟产品质量稳定性包括了常规烟气稳定性及感官质量稳定性，目前，在卷烟纸上的研究重点主要是落脚于常规烟气的稳定性。

从研究成果来看，所考察的卷烟纸组分中，助燃剂因素对常规烟气成分的影响较大，如表 6-35 所示。

表 6-35　卷烟纸组分对常规烟气成分的影响

卷烟纸组分	焦　油	烟　碱	CO
亚麻含量	×	×	×
碳酸钙类型	×	×	×

续表

卷烟纸组分	焦　　油	烟　　碱	CO
碳酸钙粒径	×	×	×
碳酸钙含量	×	×	×
酸根类型	√	√	√
钾钠比	√	√	√
助剂含量	√	√	√
罗纹形式	×	×	√
罗纹深浅	×	×	×
压纹方式	×	×	×
瓜尔胶含量	×	×	×
工艺	√	×	√

因此，制定相应的卷烟纸制造企业技术标准和卷烟制造企业入库检验标准（见表 6-36），以期提高卷烟纸特性参数对卷烟烟气或感官指标的稳定作用。

表 6-36　卷烟纸组分入库控制指标

指标名称		单　　位	要　　求
宽度		mm	设计值±0.25
▲定量		g/m²	设计值±1.0
▲透气度	≤45	CU	设计值±5
	>45		设计值±6
▲透气度变异系数	定量≤30 g/m²	%	≤8
	定量>30 g/m²		≤7.5
▲纵向抗张能量吸收		J/m²	≥5.00
白度		%	≥87
▲荧光白度		%	≤0.6
不透明度		%	≥73
灰分		%	≥13
阴燃速率		s/	设计值±15
交货水分		%	4.5±1.5
尘埃度	<0.32	个/平方米	≤12
	1.0～2 的黑色尘埃		0
	>2		0

续表

指标名称		单位	要求
卷烟纸内径		mm	120.0±0.5
▲助燃剂	K	%	设计值±0.2
	Na	%	设计值±0.05
	柠檬酸根	%	设计值±0.2
▲填料	CaO	%	设计值±2
	Mg	%	≤0.2

6.4 基于卷烟纸特性参数的卷烟纸包灰性能技术验证

选择卷烟R，通过上述卷烟纸特性参数的优化组合，使该产品在不影响感官质量的前提下，力求降低上述规格卷烟包灰值≥2.0。卷烟纸参数变化如表6-37所示。利用自主开发设计卷烟包灰性能测试箱，可模拟抽吸过程卷烟的燃烧状态，并可用于制作稳定的卷烟烟灰柱及采集卷烟包灰图像。包灰值的测定结果列于表6-37最后一行。

表6-37　卷烟纸实验样本信息(民丰提供)和包灰测定值

	原始样本	A	B	C
长纤维	瑞典森林	瑞典森林	瑞典森林	瑞典森林
短纤维	巴西鹦鹉	乌拉圭桉木	芬兰LPM桦木	乌拉圭桉木
纤维配比	30%:70%	30%:70%	30%:70%	30%:70%
碳酸钙类型	液态	液态	液态	固态
碳酸钙粒径	小	小	小	大
碳酸钙含量	32%	32%	32%	28%
助燃剂类型	柠檬酸钾+柠檬酸钠	柠檬酸钾	柠檬酸钾	柠檬酸钾+柠檬酸钠
助燃剂配比	K∶Na=13∶1	全钾	全钾	K∶Na=1∶1
助燃剂含量(柠檬酸根计)	2.3%	2.4%	2.4%	1.8%
工艺	正常工艺	优化工艺	优化工艺	正常工艺
包灰值	8.4	10.4	7.3	6.0

从表 6-37 中可以看出：与原始样品相比较，3 种卷烟纸配方的调整对卷烟的包灰效果影响不一；试制 A 卷烟的包灰效果变差，试制 B 和 C 的包灰效果有提高，其中试制 C 的包灰值降低至 6.0，比原始样品降低了 2.4，达到了项目设定的预期经济技术指标。

对上述样品进行了感官评价，评价结果(见表 6-38)认为：B 号与 C 号样香气风格、烟气状态与原始样本接近度较高，吃味与正常样有一定差异。评析人员可在 B 号与 C 号样吃味上进行修正。感官评价结果说明试制样本与对照样差异较小，通过相关成熟的配方技术调整后可以其与对照样一致，基本达到了预期目标。

表 6-38　感官评价结果

评析目的	《卷烟包灰与减害》项目样品
样品说明	0 号为对照样；B 号为减害样品；C 号为包灰样品
评吸人员	评吸描述
专家 1	0≈B>C
专家 2	0>B≈C
专家 3	0≈B>C
专家 4	0>B≈C
专家 5	0>B>C
专家 6	0>B>C
专家 7	0>B≈C
专家 8	0≈B>C
专家 9	0≈B>C
综合结论	B 号与 C 号样品香气风格、烟气状态和对照样接近度较高、吃味与对照样有一定差异

6.5　基于卷烟纸扩散率优化的减害技术工业验证

选择卷烟 G 和卷烟 R，通过上述卷烟纸特性参数的优化组合改善卷烟纸的扩散率，使该产品在不影响感官质量的前提下，力求降低上述规格卷烟至少 1 种的 H 值下降≥0.3。4 种规格卷烟的卷烟纸参数变化如表 6-39 所示。

表 6-39 验证样品卷烟纸实验样本信息(华丰提供)

	原始样本	试制 A	试制 B	试制 C
长纤维	加拿大北木	芬兰 JO	加拿大北木	芬兰 JO
短纤维	泰国 AA	巴西鹦鹉	泰国 AA	巴西鹦鹉
纤维配比	25%:75%	25%:75%	25%:75%	25%:75%
碳酸钙类型	液态	液态	液态	固态
碳酸钙粒径	小	小	小	大
碳酸钙含量	32%	32%	32%	28%
助燃剂类型	柠檬酸钾+柠檬酸钠	柠檬酸钾	柠檬酸钾	柠檬酸钾+柠檬酸钠
助燃剂配比	K∶Na=3.2∶1	全钾	全钾	K∶Na=1∶2
助燃剂含量(柠檬酸根计)	1.5%	2.0%	2.0%	1.3%
罗纹深浅	浅	浅	浅	深
罗纹形式	正压	正压	正压	正压

表 6-40 为验证样品常规烟气成分检测结果。从表 6-40 中的数据可以看出:①A、B 样品的区别在于浆料配方,从烟气结果看出,浆料配方变化对烟气常规指标基本无影响。②A、C 样品的区别在于 A 样本选择的是利于降低烟气指标的卷烟纸指标,C 样本则相反;从结果可以看出,同比 C 样本,采用 A 样本卷烟纸,在口数基本不变的情况下,焦油和 CO 有明显下降,且 CO 下降的幅度要高于焦油。③同比原始样本,采用 A、B 样本的卷烟纸,有利于降低烟气焦油和 CO。

表 6-40 验证样品常规烟气成分检测结果

牌号	编号	口数	焦油	烟碱	CO	水分
卷烟 G	0	6.4	11.2	0.86	14.6	2.1
	A	6.1	10.6	0.82	13.0	2.2
	B	6.1	10.7	0.82	13.2	2.5
	C	6.3	11.3	0.88	14.6	2.6
卷烟 R	0	6.4	11.5	0.88	12.0	2.1
	A	6.2	11.2	0.88	11.8	2.2
	B	6.1	10.9	0.84	11.3	2.2
	C	6.3	11.5	0.90	12.4	2.4

表 6-41 为验证样品烟气七项成分检测结果。从表中可以看出:①A、B 样品的

区别在于浆料配方，从烟气结果看出，浆料配方变化对烟气七项成分释放量基本无影响。②A、C样品的区别在于A样本选择的是利于降低烟气指标的卷烟纸指标，C样本则相反；从结果可以看出，同比C样本，采用A样本卷烟纸，在口数基本不变的情况下，CO、HCN有明显下降，其他几项指标变化不大。③同比原始样本，采用A、B样本的卷烟纸，有利于降低烟气 *H* 值；两个厂家提供的试制A、B卷烟纸均能降低 *H* 值0.3及以上。

表 6-41 验证样品烟气七项成分检测结果

牌号	编号	CO	HCN	NNK	氨	B[a]P	苯酚	巴豆醛	*H*
卷烟 G	0	14.6	137.1	6.5	7.2	8.5	12.1	19.4	9.4
	A	13.0	117.4	6.4	7.1	8.3	10.5	20.3	8.9
	B	13.2	112.4	6.2	7.0	8.2	10.9	20.5	8.8
	C	14.6	130.6	6.7	7.0	8.6	10.8	18.8	9.2
卷烟 R	0	12.0	114.0	5.1	7.1	8.3	9.6	18.4	8.2
	A	11.8	100.8	5.3	6.4	8.1	9.0	19.0	7.9
	B	11.3	91.9	5.0	6.7	8.1	9.2	17.1	7.6
	C	12.4	120.2	5.8	7.0	8.2	9.6	18.3	8.4

表6-42为验证样品气相七项成分检测结果。从表中可以看出：①A、B样品的区别在于浆料配方，从烟气结果看出，浆料配方变化对CO和气相HCN基本无影响，对气相氨有较大影响。②A、C样品的区别在于A样本选择的是利于降低烟气指标的卷烟纸指标，C样本则相反；从结果可以看出，同比C样本，采用A样本卷烟纸，在口数基本不变的情况下，CO和气相HCN有明显下降。③同比原始样本，采用A、B样本的卷烟纸，有利于降低烟气CO和气相HCN。

表 6-42 验证样品气相七项成分检测结果

牌号	编号	CO	气相 HCN	气相氨	巴豆醛
卷烟 G	0	14.6	68.5	0.8	19.4
	A	13.0	58.6	1.0	20.3
	B	13.2	57.1	0.9	20.5
	C	14.6	63.4	1.1	18.8
卷烟 R	0	12.0	51.2	1.1	18.4
	A	11.8	46.2	0.5	19.0
	B	11.3	42.9	0.6	17.1
	C	12.4	55.9	0.7	18.3

对上述样品卷烟G的B号样品进行了感官评价，验证样品感官评价结果见表6-43，评价结果认为：减害样品感官质量与在产样本差异性较小，实现了预期的经济技术指标。

表6-43　验证样品感官评价结果

评析目的	卷烟减害项目样品
样品说明	0号为对照样；B号为减害样品
评吸人员	评吸描述
专家1	0≈B
专家2	0≈B
专家3	0>B
专家4	0>B
专家5	0>B
专家6	0≈B
专家7	0≈B
专家8	0>B
专家9	0≈B
综合结论	B号样品香气风格、烟气状态和对照样接近度较高； 刺激、余味比对照样稍差；整体感官质量与对照样接近